围炉夜话详解

〔清〕王永彬 著

桑楚 主编

中国华侨出版社
·北京·

# 前　言

　　浮躁、迷惘、空虚、忧郁，是现代人的通病。在当今时代，人们有时更看重的是对功名利禄和荣华富贵的追求，而忽略了对自己身心健康的培植，所以精神显得极度匮乏，总是埋怨生活的无聊与苦涩。如果你能在百忙之中抽出时间去静心读一些书，可能会让你的生活更加欢乐与充实，让你领略美好生活的另一面。

　　《围炉夜话》是一部文艺的格言集，更是一部人生的格言集，被称为中国人修身养性必读之书。书中经典简练的语言在立身处世、德行修养、待人接物、思想境界等方面，都有其独到的见解、深刻的内涵，其中所涉及的修身、齐家、治国、平天下的道理与我们的日常生活息息相关，使先哲智慧带上浓厚的生活气息与人情味，让读者在轻松愉快中领略其蕴含的深刻道理。

　　本书从立德、立身、立业三方面下笔，对《围炉夜话》原著中的200多条富含人生哲理和行为标准的言辞进行精编精译。虽然都是三言两语，结构层次也没有那么清晰明了，但可谓"立片言而居要"，内涵极为深刻，贯穿首尾的思想具有广泛的教育意义。另外，该书还把鞭挞、指导、讽刺、劝勉等多种情感熔于一炉,用精妙的语言道出了深刻的哲理,让人读来回味无穷,获益匪浅。

　　编者在继承原书原有的优秀文化成果的基础上,对原著与译注做了一定的增减与梳理,并适当地加入一些现代人的审视观点,给予了相关的评价与赏析,二者的结合,大大提升了阅读的趣味性。

# 目 录

立身篇

立德篇

# 一、幼正大光明 检于心忧勤惕厉

教子弟于幼时，便当有正大光明气象；

检身心于平日，不可无忧勤惕厉工夫。

【译文】

教导子孙后代就要从幼年开始抓起，以便培养他们为人处世时正直宽大、光明磊落的气概；在日常生活中要时时做自我的内心反省，时刻保持忧患意识和自我砥砺的修养功夫。

【评析】

人的习惯和性格在小的时候比较容易塑造，到成年时，生活习惯、性情等都已定型，到时想改变就比较困难了。从小就在孩子心中播下教育的种子，以培养他们向上向善的心灵，是家长望子成龙、望女成凤必不可少的一步。

教育和培养孩子固然重要，自身的修为也不能掉以轻心。"勿以善小而不为，勿以恶小而为之。"反省自我就要从身边的点滴小事做起，以求做到防微杜渐。唯有如此，我们才会保持智慧的头脑，在行动中不犯错误。只有严格要求自己，不断完善自我，才能使自己具有良好的修养。

## 二、学朋友之长 行圣贤之言

【原文】

与朋友交游，须将他好处留心学来，方能受益；

对圣贤言语，必要我平时照样行去，才算读书。

【译文】

与朋友交流往来，一定要注意观察朋友的优点与长处，并认真领会，加以借鉴学习，我们才会有所收益；对于古代圣贤之士的言行，我们切不可敷衍了事，一定要在日常生活中得以遵循执行，只有这样我们才能真正体味到书中的教诲。

【评析】

财富不是我们一生的朋友，但朋友却是我们一生的财富。

迷茫时给我们以指点和帮助；哭泣时给我们以安慰和理解；跌倒时给我们以鼓励和扶助……我们从朋友那得到的，又何止这些。朋友的智慧弥补了我们的缺陷，朋友的宽厚改变了我们的狭隘；朋友的真诚换来了我们的信任……真正的知己好友，充实了我们的生活，丰富了我们的人生，所以我们应该感谢他们的赐予。

死读书，不求甚解，不如不读书。脱离实践的学习是掌握不了真正知识的，只有身体力行，才能学以致用。圣贤之语不是现成的例子，还需要我们在学习中根据实际情况不断地丰富和发展。

## 三、俭可济贫 勤能补拙

【原文】

贫无可奈唯求俭，拙亦何妨只要勤。

【译文】

贫穷到无路可走的时候，只要力求节俭，便可以渡过难关；愚笨并不可怕，只要付出更多的勤奋与努力，还是能够跟上强者的。

【评析】

人生之路上难免遇到穷困潦倒的时刻，但只要我们不气馁、不绝望，在节俭的基础上努力拼搏，勇敢地与贫困做斗争，就能够摆脱困境，迎来幸福。穷困时安贫不是出路，只有从求俭维生做起，我们才能赢得出路，但安贫乐道的精神还是要有的，因为乐观的人生态度是我们获取动力的重要源泉。

勤能补拙是良训。如果说天才和庸才只有一步之遥的话，那可以说这一步就差在勤奋上。先天的聪明固然重要，但如果没有后天的学习仍会一事无成；先天的平庸并不可怕，只要后天付出加倍的努力，我们一样可以做得很优秀。上天是不能够成就天才的，但勤奋可以。人生中许多成功的机会来源于苦干，即使笨拙的人，只要不妄自菲薄，不轻言放弃，靠自己的勤奋依然可以有所成就。

# 四、说平常话 做本分人

## 【原文】

稳当话，却是平常话，所以听稳当话者不多；

本分人，即是快活人，无奈做本分人者甚少。

## 【译文】

平实稳妥的话语，是既没有吸引力也不令人感到惊奇的言语，所以喜欢听这样话的人很少；安分守己的人，没有不切实际的奢求，所以他们活得很快乐，但可惜这样的人在我们生活中却并不多见。

## 【评析】

促使人们心心相印、感情相融的话往往是那些朴实无华的平白话语，但大多数人不为所动，却喜欢听那些经过刻意修饰、虚浮华丽的甜言蜜语。悦耳动听的言语如空中楼阁，未必可靠，而平淡如水的真心话却很可能饱含着诸多的人生哲理，让我们深受启发。生活中的平白话有时候需要我们苦口婆心地去陈利说害，这会让缺乏耐心的人产生厌倦之感，所以当我们听平凡朴实的话语时，还需要有一定的忍耐性，只有品味的时间长了，我们才会悟出有益的启示。

认认真真做事，明明白白为人，看起来平凡而淡泊，实际高雅而快乐。平凡也有平凡的价值，虽然我们也赞美过他人的成功和羡慕过他人的富有，但更重要的是我们没有轻视自己的平凡。在平平淡淡的日子里，只要你我能找到称心如意的生活方式，找到笑对人生的理由，我们就能做个幸福快乐的人。

## 五、处事为人想 读书须用功

【原文】

处事要代人作想，读书须切己用功。

【译文】

处理事情的时候要多替别人着想，而不是只顾自己的利益。读书的时候必须自己用功，因为学知识别人是不能代替的。

【评析】

我们大多数人是这样：了解别人比较容易，了解自己却很困难。原因就是我们带有个人感情地去包庇自己，而存有偏见地审视他人，经常在利益面前把自己放在首位，而后才想到别人。这样的人大多狭隘猥琐、私欲膨胀，仍然处在低级趣味之中，他们在精神上会成为萎缩的乞丐，即使从长远发展看也是得少失多。如果我们想成为一个受尊敬的人，就应时时刻刻想到他人，把困难留给自己，方便送给别人。

读书在心，而不在人。如果一遇到困难就想找人代替，那么永远也解决不了根本问题，因为问题的关键是我们没有尽心尽力地去做事 即使别人替你完成了，但你依然一无所知。最切实的方法只有一个：在立志求学后，就要尽心尽力地去做，不能只是尽力，而尽不到心，更不要妄想让别人代替自己完成。

## 六、信是立身之本 恕乃接物之要

【原文】

一"信"字是立身之本，所以人不可无也；

一"恕"字是接物之要，所以终身可行也。

【译文】

诚信是我们处世立身的根本，如果一个人失去诚信，他就会孤立无援，所以我们不可丢弃；宽恕是我们接待人物必不可少的一条原则，如果一个人没有容人之量，他就会变得心胸狭窄、自私自利，所以我们应该终生奉行。

【评析】

人不可一日无信，诚实是一个人立身处世的基石，只有这样才能站得直，走得稳，行得正。小孩子不诚实，长大了就会容易变坏；老年人不诚实，一世英明就可能毁于一旦。诚实守信能使我们实现心灵的净化和品德的升华，可以化解日常的矛盾和别人的戒心，从而赢得众人的信任与友谊。虽然有时谎言也能够给人带来一时的利益，但其最终结果必然难逃身败名裂，留下千古骂名。但愿我们都能做个"言必信，行必果"的人。

有容人之量，能推己及人，为人处世不是只顾自己，同时也能够设身处地为他人着想，才能更为客观公正地处理各种情况，从而减少和避免不必要的误会与麻烦。做到严己宽人，责己容人，才能与周围的人和睦相处，广结良缘，形成良好的人际关系，形成积极向上的动力。希望人人都能做到"己所不欲，勿施于人"。


## 七、说话杀身 积财丧命

【原文】

人皆欲会说话，苏秦乃因会说话而杀身；

人皆欲多积财，石崇乃因多积财而丧命。

【译文】

每个人都希望自己能说会道，但战国时期的苏秦就是因为自己口才太好，才招来杀身之祸；人人都愿意自己拥有更多的钱财，可是晋代的石崇却由于积财太多，而失去了性命。

【评析】

本则说到两位著名的历史人物。战国时期的苏秦因口才极佳，而做过抵抗秦军的六国主帅，却在后来的政治斗争中被刺身亡。西晋的石崇积攒了大量财富，曾留下了与王恺比富的奢侈之举，最后在暴乱中被杀身亡。

病从口入，祸从口出。人虽然不必拘泥于沉默寡言，但也不可哗众取宠，说话一定要注意时机、场合、地点。说不到位当然会影响到表达的效果，但颠倒黑白则很可能会物极必反，招来麻烦，所以还需我们灵活把握，适度控制。


## 八、严可平躁 敬以化邪

【原文】

教小儿宜严，严气足以平躁气；

待小人宜敬，敬心可以化邪心。


【译文】

教育自己的孩子应当严格，因为严格的态度可以压抑他们浮动的躁气，使他们能够安心学习；对待邪恶阴险的小人，我们可以采取尊重的心态，因为尊敬的态度可以感化他们邪恶的内心。


【评析】

养子不教，父母之过。作为孩子的父母如果不从严教子，而是一味地娇惯溺爱，纵容维护，势必助长他们的娇气和浮躁，这对孩子未来的健康成长是十分不利的。如果你是一个负责任的家长，就不如让孩子在做事中明白责任；在受苦中懂得珍惜；在失败中获得对失败的免疫；在流泪中体会泪水铸造的坚强；甚至让他们受点伤，体会捂着伤口匍匐前进的伟大与悲壮！

对于身边心术不正、道德败坏的人，我们除了必需的戒备，以防蒙受其害以外，还应该给予他们人格上的尊重，从而唤起他们的悔悟，感化他们的心灵，使他们浪子回头，重塑新生的自我。宽容博爱的胸怀可以使作恶多端的人感受世间的美好，从而有利于他们弃恶从善，走到正确的人生轨道上来。

## 九、勤修恒业 审定章程

【原文】

善谋生者，但令长幼内外勤修恒业，而不必富其家；

善处事者，但就是非可否审定章程，而不必利于己。

【译文】

善于谋求生活的人，能够使家中上下老小，家里家外的成员，都能够勤奋地完成自己所从事的事业，虽然这样做不一定能使家道富贵，但却能在安稳中成长。善于处理世事的人，只是就事情如何完成，依据可不可以去做而作出判断，然后制定办理的规则与程序，所以不会只从对自己有利的方面去考虑。

【评析】

　　学会谋生处世是生活的基本条件。生活中有许多人劳苦一生，却难以维持生计；为人一世，却一无所成。其原因就在于谋生不明其理，谋事不得方法。谋生并不是处心积虑地去谋求财富，只有安于本分，勤于经营，坚持不懈地做好每一件事，才可谓真正的谋生者。小到建立和睦的家庭，大到经营企业甚至是治国安邦，都需要我们团结向上、众志成城地去奋斗，唯有如此，我们才会有所成就。

　　处理事情不能怀有私心，而是本着公正、诚实的态度，去判断事情是否合乎情理，而不是报着自私自利之心去处理事务，只有大公无私，为民解忧，才能赢得人心，受到尊重。对人真诚坦率，才能博得尊重；对事真诚坦率，便可运转自如，自私的行为只会遭人唾弃，使事情无法得到合理的解决。

## 十、贪名利祸至　耐困穷甘来

【原文】

　　名利之不宜得者竟得之，福终为祸；

　　困穷之最难耐者能耐之，苦定回甘。

　　生资之高在忠信，非关机巧；

　　学业之美在德行，不仅文章。

**【译文】**

得到不该得的名声和利益，福分终究会成为祸患的源头；最难以忍耐的贫穷与厄运坚持过去之后，那么我们就可以品尝幸福的甘甜了。人资质的高低取决于他是否忠实诚信，而不是善于玩弄手段；人学问的深浅取决于他高尚的道德与品行，而不仅仅靠文章的优美。

**【评析】**

多行不义必自毙。功名利禄确实极具诱惑，但以虚伪欺骗的手段得之，早晚会功败垂成，灾祸当头。几经艰难困苦的磨砺与锻造的人，往往在最后才能够成就一番事业，真可谓："故天将降大任与斯人也，必先苦其心志，劳其筋骨，饿其体肤，空乏其身，行拂乱其所为，而后动心忍性，曾益其所不能。"艰难困苦不能耐之，是弱者的表现；能耐之，方为强者的风范。

人的资质高低并不能决定其人格的高下，而主要是看他的忠实可靠度，这就如同学问的深浅不能单凭一个人的文章好坏来判断一样，关键还要看他的品德如何。高超的能力加上真诚的言行、高尚的职业道德和良好的信誉，我们才会赢得更多的合作机会，才会为自己创造光明的前途。所以判断人才的标准应该是：以德为先，能力居后。

## 十一、君子力挽江河 名士光争日月

【原文】

风俗日趋于奢淫，靡所底止，安得有敦古朴之君子，力挽江河；

人心日丧其廉耻，渐至消亡，安得有讲名节之大人，光争日月。

【译文】

社会之风日渐追求奢侈浮华，看起来丝毫没有改善的迹象，怎样才能出现一些朴实无华的君子，去改变这江河日下的局面呢？世人清廉知耻之心也快要沦丧殆尽了，何时才能出现些讲名礼节气的大人物，去唤醒人们的廉耻之心，与日月争辉呢？

【评析】

当时社会的风气奢侈淫乱不堪，且有日渐严重之势，我们多么希望一些有志之士能够站出来去承担遏制这不良之风的责任呀！当世间的公德心已日趋迷离时，让人难以辨别真假，我们多么希望一些有德之人能够挺身而出去唤起世人的良知与爱心呀！

为政清廉、教人知耻本是为政者义不容辞的责任，但当时有许多人却以奢靡来炫耀自己，招摇过市，这种社会的不正之风真该需要一些力挽狂澜的志士去扶正，以及辉同日月的有德之士去感化。不管是自古至今，还是从上到下，这条古训都可以作为座右铭牢记一生，以求时时反省日常的所作所为。

## 十二、心正神明见 耐苦安乐多

【原文】

人心统耳目官骸，而于百体为君，必随处见神明之宰；

人面合眉鼻眼口，以成一字曰苦（两眉为草，眼横鼻直而下承口，乃苦字也），知终身无安逸之时。

【译文】

心统治着人的五官和全身，是身体的主宰，所以我们一定要保持清醒的头脑才不至于出现差错。人的面部是由眉、眼、鼻、口等组成，若把两眉看作草头，两眼看成一横，鼻子为一竖，下面是个口，组成一个"苦"字，因此便知道了终生没有安逸的时候。

【评析】

心为快乐之本，如果连自己的心都控制不住，又怎么能够拥有快乐的生活呢？更不要说超越自我、改造世界了。人生如想成就一番伟业，铸就人生辉煌，就必须在心上下功夫，只有拥有一颗百折不挠、勇往直前的恒心，才能实现自己的理想，使梦想成真。

人活一世不易，哭着来，又让别人哭着送我们离去，可以说是苦多乐少，所以我们就应该学会以苦为乐，苦中作乐。一帆风顺的道路是不存在的，我们只有在先品尝到苦的滋味和磨难后，才会懂得以艰苦的付出换来所要的幸福与快乐的道理。生活本来是需要人去吃苦的，因为世间有太多的不完美，更不会有绝对的公平，我们的境遇不如他人，就该以百倍的努力去追赶，这样才能缩小差距。当苦尽甘来的时候，就是我们享受幸福的开始，之所以说吃苦也是一种福分，就是这个道理。

## 十三、人心沧桑 天道好还

**【原文】**

伍子胥报父兄之仇，而郢都灭，申包胥救君上之难，而楚国存，可知人心之恃也；

秦始皇灭东周之岁，而刘季生，梁武帝灭南齐之年，而侯景降，可知天道好还也。

**【译文】**

伍子胥为了报父兄之仇，最后终于攻破楚国之都郢而鞭打仇人尸骸，申包胥则发誓救楚国于危难之中，而在秦国的帮助下使楚国没有灭亡，由此可见，只要决心去做事情，就一定能够办到。在秦始皇灭东周的那一年，刘邦出生了，在梁武帝灭南齐的那一年，侯景前来投降了，可见确实存在着循环往复的天理报应呀。

## 【评析】

有志者，事竟成。无志则天下无可成之事，立志为美好的事业而献身，这才是成就一切事业的前提条件。做事业只要能下定决心，坚持不懈地去努力，就一定能够达到目的。谋事在人，成事在天。从另一方面看，许多事情的发展却又不是以我们的主观意志为转移的，也就是说事情不能单凭决心和计谋就能完成，同时还需要不断变化来顺应时势，如果不能适时改变策略，就会遭遇挫折。

待人处事要审时度势，受挫时，不强逆，而懂得以退为进；顺境时，不得意忘形，而有谦逊之心。否则，得意时相互倾轧，欺人太甚，那么失意时他人就很可能以同样的方式对你，就如同你打人家一拳，时刻要防备着人家踢你一脚。

# 十四、有才如浑金璞玉 为学似行云流水

## 【原文】

有才必韬藏，如浑金璞玉，暗然而日章也；

为学无间断，如流水行云，日进而不已也。

有才能的人必定勤于修养，但又不露锋芒，就如同未经琢磨的金玉一般，开始夺人耳目，但时间长了才会显露其光彩。做学问一定不能时断时续，而是要像行云和流水那样，永不停息地前进。

真人不露相，露相不真人。一个真正有才能的人是不会在人前卖弄、炫耀自己的，因为他们的能力总有一天会得到别人的认可。而一些无真才实学的人却往往喜欢在大庭广众之下吹嘘自己，表面上看起来高人一等，实则是一种自不量力、目空一切的高傲丑态。

学无止境。只有不间断地耕耘才会有收获，想一步登天，取得立竿见影的效果是不切实际的，所以为学应有一股锲而不舍的精神，遇到困难攻坚不止，面对逆境拼搏不止，只有壮心不已，才会使学问日益长进。零星的努力，细小的进益，经日积月累，日后便可大有收获，使我们生活更充实、更丰满，使我们能够更好地应对人生。

# 十五、积善有德 积财遗祸

积善之家，必有余庆；积不善之家，必有余殃。可知积善以遗子孙，其谋甚远也；

贤而多财，则损其志；愚而多财，则益其过。可知积财以遗子孙，其害无穷也。

**【译文】**

凡做好事者，必然遗留给子孙许多的恩泽；而积不善的人家，留给子孙的只能是灾祸。所以我们要多做好事，为子孙后代造福，这才是为他们做长远的打算。圣贤之士有许多的金钱，这很容易使他们贪图享受而不求上进；愚笨的人拥有很多钱财，这只会给他们增加一点过失罢了。所以说，将金钱留给子孙是有很大害处的。

**【评析】**

善有善报，恶有恶报，不是不报，时候未到。积德行善，必然会留给后代许多的恩泽；而多行不义，则会使后辈祸患无穷。观察我们周围的人，凡是行善之家，无不受到他人的敬重，就连他的后人也会得到被恩泽者的感激。可以说祖宗的积善是家世的后福，前世的不义是后人的祸害。

酒多伤身，钱多丧德。如果拥有很多财富，对我们来说未必就意味着可以万事大吉，安享清福了，没准随之而来的是劫夺之灾。以不正当的手段取得金钱更是祸害自己，甚至会殃及子孙。贤者财多则会失去奋斗的动力，愚者财多则会助长作恶的邪气，所以说留给子孙过多的钱财不一定是好事。

金钱关乎人们生活质量的优劣不假，但它却不是启动人生功能的万能钥匙，更不是衡量人生价值的根本标尺。

## 十六、教子严成德 勿以财累己

【原文】

　　每见待弟子严厉者，易至成德；姑息者，多有败行，则父兄之教育所系也。

　　又见有弟子聪颖者，忽入下流；庸愚者，转为上达，则父兄之培植所关也。

　　人品之不高，总为一"利"字看不破；学业之不进，总为一"懒"字丢不开。

　　德足以感人，而以有德当大权，其感尤速；财足以累己，而以有财处乱世，其累尤深。

【译文】

　　那些平常对待子孙十分严格的人，才容易使子孙养成良好的品德；对待子孙息姑迁就的，子孙大多道德行为败坏，这绝对是与父母的教育分不开的。一些后辈原本聪明，却忽然做了品德低下的事；一些天资原本愚笨的后人，后来反而具有了高尚的道德品质，这都是父兄教导培养的缘故呀！能以道德感化他人，而且又身居高位有权威的人，那么感化他人就更容易了；钱财多了会拖累自己，如果又处在比较混乱的社会时代中，则钱财的拖累就更严重了。

【评析】

对子女的教育不光取决于家长爱心倾注的力度，同时还要看父母是否教育有方。注重因材施教，对有才华的子女要克制爱心，不放松教诲，以避免子女因骄傲而走向失败。对不学无术的子女，既要严加管教，还要给予爱心的呵护，以避免子女生怨而沉沦不起。

德、财是社会的两大财富，但在拥有财富的同时，我们也要趋利避害，战胜"利"的困扰和"懒"的惰性，才能活得轻松、活得坦然。当我们面临苦与乐、利与害等的选择时，要及时而正确地作出自己的抉择，才能获得一身轻松。


# 十七、读书不论资性高低 立身不嫌家世贫贱

【原文】

读书无论资性高低，但能勤学好问，凡事思一个所以然，自有义理贯通之日；

立身不嫌家世贫贱，但能忠厚老成，所行无一毫苟且处，便为乡党仰望之人。


【译文】

读书不论天赋资质的高低，只要能够勤奋学习，遇有难题肯于请教，任何事情都爱问个为什么，总有一天能够明白书中的道理。在社会上立足，就不要害怕自己出身低微，只要为人忠厚老实，做

事稳重踏实、一丝不苟，便会成为乡邻们所敬仰的榜样。

**【评析】**

人的天性虽有高低之分，但治学的关键还是要有刻苦钻研的精神和正确的学习方法，要做到勤奋、好问、善思。

"勤能补拙是良训。"不辞辛苦地勤奋学习是人们进步、攻关的最有效途径，也是做好一切事情的基础，纵使天资好，但不下苦功夫，也不会取得真学问。"学而不思则罔，思而不学则殆。"学思结合，才能增长知识，有所建树，所以在勤奋基础之上掌握有效的学习方法也是必不可少的环节。

为人忠厚淳朴，脚踏实地是做人的根本。虽然一个人无法选择自己的家庭出身，但却能选择自己的人生道路，这关键是要看我们对生活的态度。如果我们对生活有一个严肃的态度，就可以理直气壮地站在任何一个人面前，就可以使了解我们的每一个人对自己肃然起敬，而这严肃的态度对我们的要求就是：诚实守信，具有良好的品质和节操，从而做一个受人爱戴、崇敬的典范。


# 十八、恶乡愿 弃鄙夫

**【原文】**

孔子何以恶乡愿，只为他似忠似廉，无非假面孔；
孔子何以弃鄙夫，只因他患得患失，尽是俗心肠。

【译文】

　　孔子为什么厌恶"乡愿"呢？就是因为他们表里不一，表面看来忠厚廉洁，虚伪矫饰，内心险恶；孔子为什么厌弃"鄙夫"呢？就是因为他们不知从大体出发，只是为个人利益斤斤计较，这是不知人生内涵的俗物呀。

【评析】

　　在现实生活中，有些人容易受到欺骗。究其原因，就在于我们真假不分、良莠不辨；逆耳的忠言听不进，才给了"乡愿"们以可乘之机，足见拥有一双辨别真伪的眼睛是多么重要呀！

　　占山为王，搞地方保护主义；只扫自家门前雪，不管他人瓦上霜的个人主义，在当时的社会也非常普遍。这种不顾全局或集体利益、只为一己私利的狭隘思想是要坚决摒弃的。自私的心理只会使我们逐步沦丧人格，最后完全被其吞噬，因为自私的人都希望自己获得最大的利益甚至是全部的好处，这势必侵害到公众的利益，招来强烈的反抗，其结果只能以失败告终。

## 十九、精明得意短　朴实福泽长

【原文】

　　打算精明，自谓自计，然败祖父之家声者，必此人也；
　　朴实浑厚，初无甚奇，然培子孙之元气者，必此人也。

## 【译文】

斤斤计较，不肯吃亏的人，自以为占了便宜，实际是在败坏祖宗门风。诚实朴素，为人厚道的人，看起来没有什么特别之处，其实能够培养子孙纯厚品质、使家门殷兴不衰的又往往是他们。

## 【评析】

那些利欲熏心、唯利是图的人，为了私利经常算计他人，把自己的幸福建立在别人的痛苦之上，这不是在败坏门风又是在做什么呢？其最终结果也必然是遭受众怨，失去人心。那些淳厚质朴的人，平淡无奇，不浮躁华美，而是脚踏实地，虽有时显得执着呆板，但他们在困难面前却有着常人难以想象的勇气和坚毅，所以在人生旅程中也就充满了活力，正是这么一种精神代代相传，才成了子孙们不可缺少的一种元气。

在工作中任劳任怨、埋头苦干的多是平日显得默默无闻的人，他们不过分计较个人利益上小的得失，而始终相信勤奋的工作态度是证明自己的最好方法。他们的忠诚往往会对他人产生强烈的感染力，从而形成一种积极向上的工作氛围。在现代的家庭、集体和国家中，都需要有这种求真务实的作风和奋发向上的干劲，使我们的生活变得越来越美好。

## 二十、明辨是非 不忘廉耻

【原文】

　　心能辨是非，处事方能决断；

　　人不忘廉耻，立身自不卑污。

【译文】

　　心中能够辨别什么是对、什么是错，处理事情就能毫不犹豫地作出决断；人不忘廉耻之心，为人处事就不会做出品行低下的事。

【评析】

　　有些人在复杂的事物面前是非不分、好坏不辨，或在处事时优柔寡断、谨小慎微，缺少了辨别真伪的能力和果断干练的作风，由于无法把握事物的本质和规律，便经常贻误时机，无法将事情做好。可见拥有一双辨别真假的眼睛，我们才能依据规律选择正确的行为方式，从而解决各种矛盾和问题。

　　人贵有自知之明，在生活中需要时刻扪心自问，有错的地方及时改正，将优秀的品格发扬光大。只有在认清自我的基础上才可建立属于自己的心理天堂，而后坦然地面对生活。知道为做了何事而感到羞耻，为做了何事而感到光荣，有廉耻之心，才能得来世事运行的清流，才能形成良好的风气。

## 二十一、明辨忠孝 识破奸恶

【原文】

忠有愚忠，孝有愚孝，可知"忠孝"二字，不是伶俐人做得来；

仁有假仁，义有假义，可知"仁义"两途，不无奸恶人藏其内。

【译文】

有一种忠义被人视为愚忠；有一种孝行被人视为愚孝。由此可知，忠与孝这两种品质，那些"精明"的人是做不来的。有些仁爱和道义在事实上也是些假仁假义。由此可知，常人所说的仁义之士中，也不见得没有阴险狡诈之流。

【评析】

忠孝仁义，源于人至诚至善的道德规范，但并非所有的人都能遵循，这就需要我们明示和认识忠孝仁义的本质。忠孝作为一种淳朴浑厚而无条件可支的感情，却经常被那些"精明"之人用于心计之上，以忠孝仁义之名做一些利己之事，使感情被玷污。还有一些人满口仁义道德，却借"仁义"美名，来骗取他人的信任和尊重，并暗中行阴恶歹毒之事。虚假的仁义道德也是隐瞒不住的，总有一天会让人看见伪善面具下的丑恶嘴脸。所以，借助"仁义"作恶的小人是没有用武之地的。

在当今这个呼唤诚信、正义、文明的社会里，我们期待的是繁荣昌盛、政通人和，对于个别假仁假义的卑鄙小人，一定要给予无情的鞭挞。

## 二十二、权势如烟云过眼 奸邪终烟消云散

**【原文】**

权势之徒，虽至亲亦作威福，岂知烟云过眼，已立见其消亡；

奸邪之辈，即平地亦起风波，岂知神鬼有灵，不肯听其颠倒。

**【译文】**

玩弄权术的人，即使对至亲至爱的人也会依仗权势作威作福的，哪里知道权势是不能长久的，就像烟消云散一般容易。奸邪的人，即使在太平无事的日子里，也会惹是生非，又哪里知道有鬼神保佑，邪恶的行径终究要失败。

**【评析】**

真正的君子得势，是以道义自持。而那些六亲不认的权势之人，

却是盛气凌人。一些人虽有一时的嚣张气焰，但由于无法得到他人的支持和帮助，最终也只落得个众叛亲离、四面楚歌的下场，因为他们的所作所为是天理不容的。

心地邪恶歹毒之人，常常惹是生非，可以说他们是坏事做绝、丧尽天良。多行不义必自毙，这些邪恶之人是难逃法网的，其最终后果只能是搬起石头砸自己的脚。

说善有善报、恶有恶报只是我们好人的愿望罢了，但行善之人确实可以赢得更多的尊重，使自己的生活充实、活得安然自在。作恶之人则每天挖空心思地想着怎样害人，做了坏事后也是惶惶不可终日，甚至夜不能眠，这难道不是上天对他们的惩罚吗？

## 二十三、富贵可抛 忠孝不忘

【原文】

自家富贵，不着意里；人家富贵，不着眼里。此是何等胸襟！

古人忠孝，不离心头；今人忠孝，不离口头。此是何等志量！

【译文】

自身显达富贵了，并不将它放在心上去加以炫耀；别人富贵了，也不将它放在眼里而生嫉妒之意，这是多么宽厚的胸襟呀！古代的人讲究忠孝两字，并将其常挂心头，不敢忘记去尽忠尽孝；现在也有不少人对忠孝行为赞不绝口，这又是多么高的气量呀！

## 【评析】

自己富贵了，便拼豪抖富、刻意显露，瞧不起他人；别人富贵了，反而心生嫉妒，或是趋炎附势、溜须拍马，更甚者，起贪婪之心，行劫盗之实。明白这一点，我们才能达到"富贵不能淫，贫贱不能移，威武不能屈"的地步。

忠孝是中华民族的传统美德，也是我们应当恪守的道德规范。所以，发生在我们身边的忠孝行为受到了大家的赞扬和推崇，这些人的度量和精神也是很值得敬佩的。

继承和弘扬中华民族的优良传统，精忠爱国，孝敬父母，是我们应尽的义务；唾弃拜金主义，伤风败俗的丑恶现象，也是我们维护和谐社会和建立良好人际关系应尽的责任。

## 二十四、物命可惜 人心可回

### 【原文】

王者不令人放生，而无故却不杀生，则物命可惜也；

圣人不责人无过，唯多方诱之改过，庶人心可回也。

作为君王，虽然不命令人去放生，但也绝对不会无缘无故地滥杀生命，由此可见生命是很值得爱惜的；作为圣贤，他们也从来不曾要求别人不犯错误，而是以各种方式引导人们改正错误，这样才能使人们由恶转善、改邪归正。

【评析】

"水能载舟，亦能覆舟。"好君主，爱民如子，知道以民为本，所以才有了历史上的诸多盛世之举，比如"文景之治""开元盛世"等，所以说只有圣明的君主才能得到百姓的拥护，才会政业兴旺、国富民强。无道的昏君，视子民的生命如草芥，经常滥杀无辜，最终也只能落得个国破家亡，性命不保。

"金无足赤，人无完人。"就是圣贤也有犯错的时候，但他们却能在过失之后积极改过。对待周围的人，也从不要求苛刻，如果有人犯了错，就以宽容的心态给予理解和帮助，能让他们知错后改之，这才是我们纠正人心的正确方法。对人不能求全责备是正确的，但对事我们应该有着力求完美的追求。如果我们能够对每一件事有着尽善尽美的要求，便可让生活变得更完善、更快乐，那么完美的生活便可代替残缺的生活。

## 二十五、是非处事 平正立言

【原文】

　　大丈夫处事，论是非，不论祸福；

　　士君子立言，贵平正，尤贵精详。

【译文】

　　有志之人处理事情，只问做得对还是错，并不管这样做自己是祸是福；读书人著书立作，重要的是力求公平正直，如果能进一步精当详尽，那就更为可贵了。

【评析】

　　人只有保持一颗公正之心，才能看清是非观念。如做事只图一己私利的话，根据对自己的利害来办事，就会带有个人主观偏见，而说出一些违心的话、做出一些违心的事，这与大丈夫的距离相距甚远。真正让人敬佩的是那些敢于牺牲、为坚持真理而奋斗终生的人，他们才是所谓的真正大丈夫。从事正义事业的人，能够在各种打击下屹立不倒，即使付出了自己的宝贵性命，后人也依然会沿着他们的道路继续前进，直到胜利时刻，这种为正义事业而献身的人必将永垂不朽。

## 二十六、无科名之心 有济世之才

【原文】

求科名之心者，未必有琴书之乐；

讲性命之学者，不可无经济之才。

【译文】

存有求取功名利禄之心的人，不一定能体会到琴棋书画的乐趣；讲求生命学问的人，却不能没有经世济民的才学。

【评析】

现实生活中的许多人由于经不住功名利禄的诱惑，便不惜一切代价地去争取，结果搞得身心疲惫，又哪里有时间去享受琴棋书画给自己带来的乐趣，这是多么可悲的事呀！如果我们要想获得人生乐趣，就应该学会淡泊名利，以追求精神的超凡脱俗，潇洒地享受生活带给我们的快乐和甜蜜。

人的真正本领不是体现在脱离实际去研究虚幻的世界和空洞无物的谈玄论道之上，而是看他是否真正有经世济民的才能，是否能为社会的进步和人民的幸福奉献才智，以正确的思想去指导人们认识世界和改造世界。虽然说也是一种学问，但与做相比毕竟是肤浅的，因为言辞可以任意地修饰，或添枝加叶，或删减内容，所以经常有不实之处。做却是实实在在的，其行动的过程是有目共睹的。


## 二十七、静而止闹 淡而消窘

【原文】

泼妇之啼哭怒骂，伎俩要亦无多；唯静而镇之，则自止矣。

谗人之簸弄挑唆，情形虽若甚迫；苟淡而置之，是自消矣。

【译文】

蛮横不讲理的泼妇，除了啼哭叫骂之外，也就没有别的什么手段了，只要我们镇定自若，不去理会，便会自知没趣而终止。对于那些搬弄是非、挑拨离间的小人，虽然有时让我们十分窘迫，但如果能淡然处之，置闲言碎语于不顾，那些空穴来风的诽谤自会消失。

【评析】

对于不通事理、只会吵闹的妇人来说，最好的处理方式就是装作若无其事，不予理睬，任她我行我素，时间久了，便会自知没趣地走开了。你如果和她面红耳赤地争吵，反倒助长了她的嚣张气焰，那无异于火上浇油。这就是以静制动的策略吧。

泼妇只是无理吵闹，但那些专在背后以口舌伤人的小人，就更难对付了。无中生有、造谣生事，是他们惯用的手段，有时让你百口难辩，甚至被误会到无路可走的地步。所谓"清者自清，浊者自浊"，只要此时我们安下心神继续走自己的路，不管这些小人的恶语中伤，到时他也会自动闭上嘴巴的，因为谎言终究也是要被揭穿的。

忍让并不是懦弱可欺，反倒能培养我们自信和坚忍的品格，能让时间和事实来证明自己，以摆脱相互之间无原则的纠缠和不必要的争吵。恼怒不会使流言蜚语烟消云散，而忍让却可以恢复我们原有的形象，得到公众的评价与赞扬。

## 二十八、救人坑坎中 脱身牢笼外

### 【原文】

肯救人坑坎中，便是活菩萨；

能脱身牢笼外，便是大英雄。

### 【译文】

肯尽心尽力救助陷入苦难中的人，便如同活菩萨在世；能不受世俗人性的束缚，超然于俗务之外的人，便可以称之为杰出的人。

### 【评析】

菩萨的形象就是普度众生，救苦救难。在现实生活中，有菩萨心肠的人不在少数，他们乐于助人，喜欢救人于危难之中。全心全意为人民服务是我们每一个人的行为指南，它的要求就是要想群众之所想，急群众之所急。既能救助处在困境中的人，又能帮助内心迷惘的人，这样的行善之人便是在世的活菩萨。

俗性、偏执和私心影响着我们的健康发展，这就需要我们冲破牢笼，去摆脱世俗的束缚和名利的诱惑，从而获得人生的自由。佛教中禅的宗旨就是：不立文字，直指人心。可见修身养性对我们的重要性。能够在忙乱时不慌张，活着时看透生死之间的意义，经受得住任何困难的磨炼与煎熬，我们便可以铸就坚强的心性与品质。在平日生活中要学会控制自己的情绪，能够遇变不惊、随机应变，从而控制局势，才可使问题得以解决，不思变通的人是不会成为杰出领导者的。

## 二十九、待人要平和 讲话勿刻薄

【原文】

气性乖张，多是夭亡之子；语言深刻，终为薄福之人。

【译文】

脾气性情怪僻、执拗的人，多数是短命之人；言语尖酸刻薄的人，最终是没有什么福分的。

　　心平气和，性格温顺，才会讨人喜欢，与人友善，从而建立良好的人际关系。对自身来说，也可培养我们的气度和修为，心宽而体健，自然能延年益寿。如果脾气暴躁，性情怪僻，则必定心胸不够开阔，气量狭小，难以拥有平和之气，对身心的健康发展是没有好处的。

　　说话不考虑后果，总爱挖苦人，而对别人说的话又经常多疑多虑，斤斤计较，终日为利害所缠绕，结果弄得自己心神不宁，寝食不安，哪里还有什么福分可谈呢？只有那些凡事不计较长短得失的人，才能做到心无挂碍，自由自在。为人处世大方、豁达，才能得到世人的尊重与帮助。如果事事与人斤斤计较，只会堵死自己的路。

# 三十、志当高存 心勿远求

【原文】

　　志不可不高，志不高，则同流合污，无足有为矣；

　　心不可太大，心太大，则舍近图远，难期有成矣。

【译文】

　　志向应当高远，志向不高远，就容易被社会的不良习气所影响，从而与庸俗低级混为一体而没有什么作为；心气不能够太盛，如果不从实际出发而好高骛远的话，也很难达到自己希望的成功。

【评析】

　　有志者事竟成。只要有上进的决心和坚强的意志，就能够建立自己的事业。如果一个人没有追求的目标，就不会有前进的动力，从而每天得过且过，碌碌无为，把自己的生命浪费在虚度的光阴之中。这样的人和那些庸俗低下的小人又有什么区别呢？不管我们的能力是大是小，外界的环境是有利还是有弊，甚至所做之事的结果多么渺茫，我们都不应该丢弃人生的奋斗目标，因为目标是我们的希望所在，是我们获取动力的源泉。

　　"不积跬步，无以至千里；不积小流，无以成江海。"一个人的志气如果暴膨于心的话，那就很容易产生不切实际的想法，便盲目从事，结果是欲速则不达，费了工夫却没有达到理想的效果。凡事还应该循序渐进，一步一个脚印地去做，如果自不量力，一意孤行的话，结果只能是失败。做事就如同登梯子上房，需要一步一步地爬，如果越步而上，就会有摔下来的危险。


# 三十一、贫贱不移志　富贵济世人

【原文】

　　贫贱非辱，贫贱而汩求于人者为辱；
　　富贵非荣，富贵而利济于世者为荣。
　　讲大经纶，只是实实落落；
　　有真学问，决不怪怪奇奇。

贫穷和地位低下不是什么耻辱的事，但因为贫穷和地位的低下去向人谄媚奉承，以求得他人的施舍，这样就真的很可耻了；拥有财富并不是什么光荣的事，但有了财富能够去帮助他人，就是件很光荣的事了。讲求经世治国之道，应该能落到实处；真正有学问，也绝不会故弄玄虚。

【评析】

生活穷困，地位卑微，但不坠其心，仍保持其节操和志向，那么必定能够激励自己去发愤成就一番事业。虽身处逆境，但胸怀大志，奋发图强，不以贫穷而羞愧，不以位卑而忧患。如果为此而折腰谄媚，企求得到好处，那才丧失了骨气和人格，才是真正的耻辱呢。同样道理，金钱多并不代表光荣，如果拥有大量的财富却不独自享用、作威作福，而是拿出来与人分享，去救济贫困人家，才是光荣的真正所在。由此可见，获取富贵是次要的事情，施行仁义才是圣贤之士经常的行为。

深奥的道理往往潜藏在平常的事情中，所以做学问重在求真务实，实事求是，而不是为了哗众取宠便装扮一个华美的外表。如果忽视了内在的实质，就容易犯急功近利、贪图虚名的错误，从而使学问言之虽美，但空洞无物，巧思虽多，但不切实际。

## 三十二、即物穷理 顾名思义

【原文】

古人比父子为桥梓，比兄弟为花萼，比朋友为芝兰，敦伦者，当即物穷理也；

今人称诸生曰秀才，称贡生曰明经，称举人曰孝廉，为士者，当顾名思义也。

【译文】

古代的人把父子比喻为乔木和梓木，把兄弟比喻为花与萼，把朋友比喻为灵芝和兰草，因此，讲求人伦关系的人，由天地万物之理推及世间人伦之理。现在的人称读书人为秀才，称荐入太学的人为明经，称举人为孝廉，读书人在这些名称中了解。

【评析】

乔木高高在上，而梓木伏于其下，正像儿子对父母的孝敬一样。兄弟之间的互敬互爱就像同根而生、相互依存的花与萼一样。而朋友间高洁、互助的友谊就像灵芝和兰花这样珍贵的植物一样。可见，敦睦人伦，应当根据具体事物推究其道理。

秀才、明经、孝廉是对取得不同功名的读书人的不同称呼。秀才经常用于对学有所成的人的称谓；贡生是指能够明白经典学说，并身体力行的人；举人则是指那些有常识、有作为，并具有孝顺清廉德行的人。不同的称谓代表着不同的意义和褒奖程度，所以我们在做任何事时都要明确自己的义务，从而做到名副其实。不明做事的意图便盲目从事，容易走弯路，付出许多不必要的努力。了解了事情的原委，我们便可在处理事情当中思索出许多快捷的方法。

## 三十三、以身作则 平心静气

### 【原文】

父兄有善行，子弟学之或不肖；父兄有恶行，子弟学之则无不肖；可知父兄教子弟，必正其身以率之，无庸徒事言词也。

君子有过行，小人嫉之不能容；君子无过行，小人嫉之亦不能容；可知君子处小人，必平其气以待之，不可稍形激切也。

### 【译文】

长辈们有好的德行，晚辈们也许想学习，却不一定学得像；但要是长辈们有不好的行为，晚辈们倒是一学就会，没有不像的。由此可知，长辈教育晚辈，一定要先使自己的品行端正，为他们做好榜样，不能只说空话而不以身作则。

有道德的正人君子稍有差错，小人就会因嫉妒而以此作为攻击的把柄；即使有德之人不犯错，小人由于嫉妒之心也是不能容忍的。由此可见，君子与小人相处，一定要平心静气，不能够有任何急切的言行。

【评析】

学坏容易学好难。父兄的善行，子弟不一定就能学得到，但那些恶劣的行为却学得很像，甚至有过之而无不及。人的本性就如流水一般，下流易，上流难。学如逆水行舟，不进则退。子弟学习父兄的好德行，需要长期的培养；

小人向来嫉妒比自己强百倍的君子，因为他们容不下别人比自己强，只希望自己能够出人头地、青云直上，为此他们经常谣言惑众，抓住任何有利的时机去败坏君子的名声，以求获得报复后的快乐。所以君子与小人相处，一定要洁身自好，谨言慎行，不给小人诡计得逞的机会。


三十四、守身思父母 创业虑子孙

【原文】

守身不敢妄为，恐贻羞于父母；

创业还须深虑，恐贻害于子孙。

一个人谨守自己的行为，而不胡作非为，就是怕自己的不良行为会使父母蒙羞；开创事业之时，也一定要深思熟虑，权衡得失，以免危害到子孙后代。

【评析】

洁身自好，并非难事，重要的是平时要严于律己，注重修养，善于吸取教训和取人之长、补己之短。有了高尚的品德，就绝不会随心所欲地做事，而是时刻想到父母的教诲。而品行不端的人在为非作歹时又怎会顾及他们的父母呢？要想培养自己好的品德，就应该从生活的早期开始，从生活的点点滴滴中做起，以善良忠厚、爱人助人、真实和谐的思想充实我们的头脑，从而唤起心底最高尚的情操，展现良好的人格魅力，此时的我们便是父母的骄傲与自豪。

现在我们国家的许多基本国策都是从长远利益考虑的，都是要为子孙后代造福，走可持续发展的道路。因为我们不能为了得到此生的幸福而以破坏子孙后代的生存空间为代价，所以在我们谋求幸福的同时，也要维护下一代的利益，为他们创造更为幸福的未来。

# 三十五、待人公平 习业细心

【原文】

无论做何等人，总不可有势利气；

无论习何等业，总不可有粗浮心。

**【译文】**

不论选择什么样的做人方式或是做哪一种人，都不可以有趋炎附势、追逐名利的习气；无论选择什么样的事业，都不能有粗浮轻率的心思。

**【评析】**

势利之人见利忘义，看到富贵者低三下四，卑躬屈膝，而对地位低下的人趾高气扬，自高自大，在这些人眼里，只有地位和财利，岂会看到比财富更为贵重的亲情、友谊？由于不能正确认识到人生的真正价值所在，所以也就无法享受到生活的真正乐趣。人是需要相互尊重的，但在现实生活中，有的人却不惜降低自己的尊严去奉承比自己强的人；有的人因自己高高在上的地位便瞧不起那些平凡的人。人虽然有贫穷富贵之分，但在人格和精神上却是平等的，所以我们每个人都不应该轻视自己，更不应该小瞧他人。

做事最忌粗心大意，如果只是高谈阔论，说天道地，做起事来浅显浮躁，不切实际，这样的人，虽不至于碌碌无为，但由于做事不能深入，不能耐苦，太浅薄庸俗，最终都不会有什么大的作为。能够谨慎小心、按部就班去做事的人，才会把握实事求是、量力而行的标准，从而使事情得到最妥善的解决。

## 三十六、不妄自尊大 要奋发图强

**【原文】**

知道自家是何等身份，则不敢虚骄矣；

想到他日是那样下场，则可以发愤矣。

**【译文】**

对自己的能力和内涵的虚实有了清醒的认识，就不敢妄自尊大，虚浮骄傲了；想到贪图享受、虚度年华的可悲下场，就会奋发图强地做事了。

**【评析】**

强中自有强中手，一山还比一山高。当我们放眼世界后，才看清自己的真正能力和位置，知道了我们很平凡，在平凡中我们看到了与别人的差距，放下了曾经的轻狂和自以为是，从而虚心向强者学习，来弥补自己的缺陷，不断充实自我，变得越来越强大。这样的人才是一个有自知之明的人、一个不断进取的人、一个脱离了低级趣味的人。如果只知在自己的天空里为所欲为，孤芳自赏的话，那就如同井底之蛙一样，由于目光的短浅和自以为是，又岂能知道外面那光彩夺目的世界？

前半生不要怕，后半生不要悔，这就是人生的精髓。趁着年轻，为了自己的理想出去闯荡一番，不要躲在家中思前顾后，让时光白白浪费掉，如果你错过了年轻这笔财富，总有一天你会后悔的，因为我们错过的不是一时，而是一辈子。明白了这个道理，我们就该振作起来，努力地踏上征程了。

## 三十七、东山可再起 江心补漏迟

【原文】

常人突遭祸患，可决其再兴，心动于警励也；

大家渐及消亡，难期其复振，势成于因循也。

【译文】

平常的人如果突然遭受了灾难或祸患的打击，是可以重整旗鼓、东山再起的，因为挫折提醒和激励自己不要丧失信心。但是，如果一个团体失去了斗志，意志消沉下去，就很难再有重新振作进来的可能了，因为墨守成规的习性已经养成，是很难改变了。

【评析】

虽然失败可以让人丧失斗志或信心，但它也可以激发你内心不息的奋斗动力，从而让我们更加努力地前进。另外，我们还可以从中吸取教训，为成功积累更多的经验。所以说一个人失败了，没有什么好可怕的，通过挫折的磨炼反而会使自己更坚强，有更光明的前途。不要忘了：胜利者永不止步，止步者永无胜利。只有百折不挠与失败做斗争，才会逐步到达胜利的彼岸。

如果一个集体作风散漫，人浮于事，对内部日积月累的弊端和陋俗熟视无睹，对发生的危机视而不见，甚至在死亡的边缘也毫无察觉，而最后导致的结果只能是制度混乱——如果是一个家庭就会败落，如果是一个企业就会破产，如果是一个国家就会灭亡。


# 三十八、寿有穷期 学无止境

【原文】

天地无穷期，生命则有穷期，去一日，便少一日；
富贵有定数，学问则无定数，求一分，便得一分。


【译文】

天地万物，无穷无尽，但人的生命却是有限的，时间过一天，生命就会减少一天；人的荣华富贵命中都有定数，但学问却并非如此，只要多下一点功夫，就会多一分收获。


【评析】

时光如水，日月如梭。当我们想起这句名言：人最宝贵的是生命，生命对于我们每个人只有一次……我们又该怎样去珍惜生命呢？既然明白了人生的短暂，就该把握当下的一分一秒，发奋读书，努力工作。切不可彷徨蹉跎、无所事事，否则，到头来只能是"少壮不努力，老大徒伤悲"了。时间就如同海绵中的水，只要我们充分地发掘，就可积少成多，获得更长的时间。所以我们生活中还应该学会利用隐藏的时间，以便做更多的事。

吾生也有涯而知也无涯。知识是没有止境的，它不像钱财与地位那样瞬息万变，没有定数，它和我们相伴终生。因此对一个人来说，人生不朽的不是显赫的家世和高官厚禄，而是对学问、品德、人格的执着追求。只有不断地学习，才能够达到至高至善的境地，才会在知识的殿堂里发掘无尽的宝藏。如果累了，我们可以停下前进的脚步休息一番，但绝对不可以一劳永逸，因为你休息的地方是人生的驿站，而不是终点。

## 三十九、做事问心无愧 创业量力而行

【原文】

处事有何定凭？但求此心过得去；
立业无论大小，总要此身做得来。

【译文】

处理事情，并没有判断好坏的统一标准，只要做到问心无愧就可以了；创立事业，是大是小也没有一定的依据，只在自己量力而行就可以了。

【评析】

　　处事就难在没有一个恒定不变的标准，是对是错，是好是坏，有时难以下结论。竭尽全力去做，怕得不偿失；功夫下不到，也是于事无补；把握得当，又十分不易。那我们到底应该怎么办呢？只要能够对得起自己的良心也就够了，因为人生如此处事便可让我们活得心安理得、洒脱自在、坦然快乐。

　　建立功业不能够只从大小来进行评定，重要的还是要从自己的兴趣、能力和爱好出发，正确认识自己的能力，既不能大材小用，也不能好高骛远；既不盲目自信，也不随波逐流，而是给自己一个准确的定位，放在切实可行的位置上；使岗位与能力相匹配，才能发挥各自的最大优势，达到人尽其才，才尽其用的目的。


## 四十、气性平和　语言少饰

【原文】

　　气性不和平，则文章事功俱无足取；
　　语言多矫饰，则人品心术尽属可疑。

【译文】

　　一个人如果不能心平气和地待人处事，那么他无论是做学问还是立事业，都不会有什么值得别人效仿的地方；如果一个人言语矫揉造作、虚伪不实的话，那么这个人的品德与心性都是值得怀疑的。

【评析】

　　气性平和是立言、处世及至做人的根本。表达在文章上会思路开阔，文笔流畅；表达在处世中要待人真诚、心境恬然。拥有专注如一、持之以恒的气态是成就事业必不可少的。如果心神不宁、见异思迁，是绝不可能做好事情的，要是再为人尖酸刻薄、野蛮粗鲁的话，那就缺少了他人的帮助和支持，更谈不上具备完善的人格了。宠辱不惊，遇到麻烦耐心地解释，动之以情、晓之以理地陈说利弊，我们才会消除麻烦，趋利避害。

　　品德修养高深的人，在言谈举止上绝不会哗众取宠、虚伪巧饰，而是适度掌握、表里如一，不像有些人大言不惭、信口雌黄，外表是一副正人君子的模样，而内心邪恶无比，所以生活中我们应该提防那些口是心非的小人，以免受其危害。凡事都能够保持清醒头脑的人，便可在惊涛骇浪中平稳地驾驶自己的船只，而这样的人也正是品德高深之人，是社会大众愿意委以重任、付以大事的人。


# 四十一、守拙可取　交友宜谨

【原文】

　　误用聪明，何若一生守拙；
　　滥交朋友，不如终日读书。

**【译文】**

聪明用错了地方，还不如笨拙一辈子；随便结交朋友，倒不如整天闭门读书。

**【评析】**

聪明反被聪明误。聪明是我们每个人的一笔财富，但如果用错了地方，也会给人带来祸害，卖弄才华的杨修死在了曹操手下，誓比高下的周瑜丧命于孔明之计，所以一些力不于事、切不于机的聪明对我们是没有好处的。真正的聪明应用在火候上，起到事半功倍的效果，如果过了头就会过犹不及，反而不如不用的好。

近朱者赤，近墨者黑。交朋友也要分清良莠，交一个志同道合的知己会有益于我们的一生，从而相互激励，共同进步；交一些品行低下的狐朋狗友则会贻害终生，对我们百害而无一利。所以我们要谨慎交友，应该选择那些仁义为本、具有高风亮节的人来做朋友，才能获得进步，培养德行。广泛交友，要慎重选择，其方法就是略小节，取大节，摒弃庸俗的旧习，不要把友谊浸泡在利己主义的杯水中，而是让友谊的春风吹进每个人的心扉。

## 四十二、放眼读书 立根做人

**【原文】**

看书须放开眼孔，

做人要立定脚跟。

【译文】

**【译文】**

读书须放开眼界、胸怀宽广，做人要站稳立场、把握原则。

**【评析】**

读书人要有开阔的眼界，如果目光狭隘短浅，只晓文字，不通其理，是学不到真正知识的。这样的人死守教条，偏执认理，无异于井底之蛙，以为自己有高深的学问，其实则孤陋寡闻。真正的学者能融会贯通，举一反三，从而灵活掌握，以求得真知。做事没有长远的打算，只知急功近利，也终究是没有大成就的。只有那些站得高的人，才会领略到远处美丽的风景。

做人要坚定自己的立场和信念，切不可随波逐流，没有主见，人一旦失去了主心骨，就容易像墙头草一样左右摇摆，不知该何去何从，甚至在别人的诱骗下误入歧途，走上邪路。只有坚守立场，正确地判断是非，才能发挥自己的聪明才智，书写光辉的人生。信念就好像牵引着风筝飞翔的那条线，一旦失去了它的引导，风筝就会在漫无目的地飘摇后落个粉身碎骨的下场，所以我们永远不能放弃自己的奋斗目标。

## 四十三、持身贵严 处世贵谦

【原文】

严近乎矜，然严是正气，矜是乖气；故持身贵严，而不可矜；

谦似乎谄，然谦是虚心，谄是媚心；故处公贵谦，而不可谄。

【译文】

庄严看起来近似傲慢，但庄严是正气之风，傲慢却是乖僻的不良习气，所以律己要庄重而不能够傲慢。谦虚有时看起来像是谄媚，但谦虚是心中充实而不自满，谄媚却是讨好于人，所以为人处世应该谦虚而不能够谄媚。

【评析】

严肃庄重是正直之风使然，这样的人不轻易言语，与人交往，不自大虚狂，更不会摆出盛气凌人的姿态，而是脚踏实地，精神饱满地做自己的分内之事。而那些傲气之人，蛮横骄纵、我行我素、自由放任，给人的是一种目空一切、唯我独尊的感觉，所以他们和庄重之人是有本质区别的。

谦虚是人生的美德，这样的人处于高位而不骄傲自大，处于低位而不忧愁顾虑，他们虚怀若谷，内敛谨行。谄媚是为了取宠讨好而故作卑下，不惜降低人格的卑劣行为。这样的人心计叵测，大多爱投机倒把、玩弄手段，与谦虚的本质是截然相反的。

## 四十四、财要善用 禄要无愧

### 【原文】

财不患其不得，患财得而不能善用其财；

禄不患其不来，患禄来而不能无愧其禄。

### 【译文】

不要担心得不到钱财，怕的是得到钱财而不能好好地使用；不要担心官禄不来，怕的是有了官禄却不能无愧地去面对它。

### 【评析】

人的生活固然离不开钱财，但如果为了得到钱财而刻意地追求与索取，甚至通过非正当手段来获取，那我们就完全沦为了财富的奴隶，结果只能是愁上加愁，得之滥使。所以我们对金钱应当取之有道、用之有度，既不要奢靡浪费，也不要小气吝啬，而是用在得当的时机和地方，从而为社会创造更多的财富。

如果当官不能为民做主、为民理事谋福的话，那就是个无德的昏官，愧对了自己所得的那份俸禄。只有那些为民服务的清廉官员才会受到百姓的拥护和爱戴，才会无愧自己辛苦所得的报酬。当我们在工作中想多挣一些钱之前，倒不如试着把自己的工作做得更好，只有这样我们才会心如所愿，才会让金钱与所做的业绩挂钩。

## 四十五、交朋友益身心 教子弟立品行

【原文】

交朋友增体面，不如交朋友益身心；

教子弟求显荣，不如教子弟立品行。

【译文】

如果交朋友是为了增加面子，就不如交一些对自己身心有益的朋友；如果教自己的孩子求得荣华富贵，还不如教诲他们修身立德，学习良好的品格。

【评析】

每个人都有许多朋友，但并不一定都能称得上真挚友好。如果交一些名声显赫的朋友来炫耀自己的能力和增加自己的面子，那只会让我们沾染上贪慕虚荣、华而不实的俗气。

品行是成就事业的基础，也是取得富贵的根本。如果作为家长只知教育他们的孩子如何谋求富贵，而忽略了对子女品德的教育和培养，那无异于舍本逐末，结果孩子必然一无所获，甚至还会毁了

他们的前程。幼时的孩子就如同一张洁白纯净的纸，成长过程中被涂上了各种颜色，但诚实与善良却永远是其中最美的，做父母的就是要保持孩子身上的这两种色彩永放光芒。


## 四十六、君子如神 小人如鬼

【原文】

君子存心，但凭忠信，而妇孺皆敬之如神，所以君子乐得为君子；

小人处世，尽设机关，而乡党皆避之若鬼，所以小人枉做了小人。


【译文】

君子做事，但求尽心尽力，诚实守信，所以妇人小孩都对他极为尊重，视若神明，这就是君子为何被称为君子的原因了；小人做事，处心积虑，布置圈套，乡邻亲友都对其退避三舍，如遇魔鬼，这就是小人为何白费心机仍做小人的缘故了。


【评析】

君子本着忠实守信，坚走正道的心境去坦诚待人。在事业上，以谦虚的言辞和真诚的态度去努力完成它，所以为人豪爽洒脱，做事光明磊落，从而赢得了世人的仰慕和敬重。小人用尽心机，暗中害人，走的是歪门邪道，他们自私自利，心胸狭窄，从而受到众人的唾弃和鄙视。这也就是神与鬼的区别所在了。

做人处事并不像你我想象的那么困难，只要诚心待人，重视信用，就能得到他人的认可和敬佩。如果一味追求名利，善用心机的话，则只会一事无成，沦为小人。待人讲礼貌，做到文雅、和气、谦逊六字便可。文雅表现在行动中便是礼让；和气就是要心平气和地同别人说话，做到以礼服人，而不强词夺理；谦逊就是要多用讨论、商量的口吻说话，不盛气凌人。

## 四十七、严于律己 宽以待人

【原文】

求个良心管我，留些余地处人。

【译文】

自己应有一颗善良之心，并严格要求自己不违背它；留一些余地给别人，从而使他们也有容身之处。

【评析】

管好自己，不受外界各种物质的引诱与迷惑，修得一颗清净明澈之心，不随波逐流，清心寡欲。管好了自己，我们就会有一种脱胎换骨的感觉，因为你变得乐观豁达，心胸开阔了，从而觉得生活中有那么多的快乐与幸福。己所不欲，勿施于人。当与亲朋好友有了纠纷时，不要一味地指责对方，最好先反省自身，只有自己做得到位，我们才可能让别人接受自己的意见，赢得他人的尊重与认可。

人生一世，犯错误是在所难免的，这就要求我们要有容人之量，学会宽以待人，给别人一次改过自新的机会，就等于给了别人一次重新做人的机会，所以不管是对人对己，都应该留一条出路，而不是釜底抽薪，把道路封死。与人相处时，要懂得随时体谅他人，在温和且不伤害他人的前提下，适宜地给予帮助。如果对人要求过于苛刻，就容易遭受他人的怨恨，反而无法达到目的。做一个肯理解、容纳他人优点和缺点的人，才会受到他人的欢迎。而对人吹毛求疵，求全责备的话，就不会有亲密的朋友，让人敬而远之。

## 四十八、守口如瓶 持身若璧

【原文】

一言足以召大祸，故古人守口如瓶，唯恐其覆坠也；

一行足以玷终身，故古人饬躬若璧，唯恐有瑕疵也。

【译文】

一句话就有可能招来大祸，所以古人讲话十分谨慎，唯恐如瓶子落地般而招来杀身之祸；一次失误的错事就会使一生的清白受到玷污，所以古人行事谨慎小心，守身如玉，唯恐因做错事而使自己抱憾终生。

【评析】

　　这话该讲时，不能少说，否则言犹未尽；该少讲时，也不能多说，否则可能祸从口出；该沉默时，就不要出声，有时沉默是金。说话也是一种艺术，所以一定要把握好言谈的对象、时间、地点、场合。要想把话说好，首先要敢于说话，其次要不怕说错话，只有在不断的尝试中才能锻炼自己的口才，只有在说错话的时候才会更好地掌握技巧性的东西。

　　"勿以善小而不为，勿以恶小而为之。"一个人行事磊落，清白一生，如果因为一失足做出的一件小事而损坏了名声，那就太不值得了。所以我们平常做事要谨慎小心，但也不能前怕狼后怕虎而不敢去做，重要的是要认真对待，仔细处理。每一项伟大的事业，都是由无数件小事组成的。能够在小事上一丝不苟的人，才能有条不紊地成就一桩大事。


# 四十九、不较横逆　安守贫穷

【原文】

　　颜子之不较，孟子之自反，是贤人处横逆之方；
　　子贡之无谄，原思之坐弦，是贤人守贫穷之法。

【译文】

　　遇到有人冒犯，颜渊不与人计较，孟子则自我反省，这是君子遇到蛮横无理时的自处之道。面对贫穷困境，子贡不献谄取媚，子思以弹琴自得其乐，这就是贤人对待贫穷的方法。

【评析】

　　知书达理之人，对别人的指责与挑衅绝不会斤斤计较，更不会心生抱怨，而是保持高尚的品行，让那些流言蜚语自己消失。而对于别人，这些圣贤之士以"己所不欲，勿施于人"来警示自己，不会无理指责，以怨报怨，这才是正确对待横逆的方法。

　　虽居身贫穷之中，但保持安贫乐道的生活情趣，从而在精神上获得快乐，这是一种乐观豁达而又积极向上的品质。因为圣贤之士早已看透了富贵不能长久的道理和精神不可丢弃的重要，所以他们从不抱怨命运不济，更不贪图钱财富贵，养成了贫而能守、贫而能乐的生活态度。


五十、白云山岳皆文章　黄花松柏乃吾师

【原文】

　　观朱霞，悟其明丽；观白云，悟其卷舒；观山岳，悟其灵奇；观河海，悟其浩瀚，则俯仰间皆文章也。

　　对绿竹，得其虚心；对黄华，得其晚节；对松柏，得其本性；对芝兰，得其幽芳，则游览处皆师友也。

**【译文】**

　　观赏彩霞，领悟到它的绚丽多彩；观赏白云，领悟到它的卷舒自如；观赏山岳，领悟到它的灵秀雄伟；观赏大海，领悟到它的浩瀚无边。因此，只要细心体会，天地间到处都是好文章。面对绿竹，品味到了它的虚心有节；面对菊花，品味到了它的高风亮节；面对松柏，品味到了它的坚韧不拔；面对芝兰，品味到了它的幽远高节。因此，只要善于体会，游览之处都可以找到良师益友。

**【评析】**

　　人类与自然是相通的，大自然给人以无穷的乐趣，激起了我们无限的感情。看云卷云舒、阳光雨露；听百鸟歌唱、风来风往；闻泥土的气息、花朵的芳香，我们定会有许多的欣喜，不仅是因为这美丽的风景，还有你心灵深处的领悟和心得。因为我们从自然中学到了许多为人处世的方法，懂得了许多人生哲理，所以我们应该感谢大自然的赐予。

　　"万物静观皆自得，四时佳兴与人间。"只要我们用心去体会，去观察，不但可以写出优美的文章，而且能够抒发自己的情怀，铸就精彩的人生。心底平静之人，与世无争，看淡了世间的功名富贵。他们心无牵挂，所以任由心性自由自在地驰骋，从而感到天地万物皆包含着无穷的乐趣。

# 五十一、行善自乐 奸谋自坏

【原文】

行善济人，人遂得以安全，即在我亦为快意；
逞奸谋事，事难必其稳重，可惜他徒自坏心。

【译文】

帮助他人，从而使其得以安逸保全，自己也会感到愉快满意；使用奸计，事情也未必就能稳当便利，还白白损坏了自己的心性。

【评析】

行善积德，乐于助人是做人的美德。当别人在我们的帮助下渡过难关时，我们心里也自会有一种难以言表的喜悦。如果使用阴谋诡计来陷害他人、谋取私利的话，则只会寝食难安。

人生在世，最好多替别人着想，多做一点好事，多行一点善事，多做一些力所能及的事，这样对我们自身来说是没有任何损失的，也许还能方便别人，给人留下良好的印象，何乐而不为呢？在人生这个大舞台上，我们每个人并不都是孤立存在的，而是与周围的人有着直接或间接的联系。如果我们只知为自己而活，就会失去他人的帮助，而使自己陷入孤立无援的境地。自私之心只会使我们自毁长城，只有多行善举，我们才会感受到生活的美好和世界的温暖。

## 五十二、吉凶可鉴 细微宜防

【原文】

　　不镜于水，而镜于人，则吉凶可鉴也；

　　不蹶于山，而蹶于垤，则细微宜防也。

【译文】

　　不仅以水为镜，还以人为镜反照自身，那么就可以明白其中的吉凶祸福了；没有在高山上跌倒，却跌倒在了小土堆上，这说明了细微之处加以预防也是十分重要的。

【评析】

　　如李世民所说："以铜为鉴，可以正衣冠；以史为鉴，可以知兴替；以人为鉴，可以明得失。"凡事如果都能找个参照物，做到明察秋毫，便可以少些失误。所以我们要时常检点自己的言行，把别人的成功经验和失败教训作为有益的借鉴，做到趋利避害。

　　"千里之堤，溃于蚁穴。"给我们的启示就是做事要防微杜渐，越是细小的错误越不能掉以轻心，而是要及时把它消灭在萌芽状态，从而做到未雨绸缪，防患于未然。很多事情的失败往往就是由于粗心大意造成的，当小的隐患出现时没有引起我们的注意，而隐患不断扩展，想要补救时却已经为时已晚。

## 五十三、谨守规模 但足衣食

【原文】

凡事谨守规模，必不大错；

一生但足衣食，便称小康。

【译文】

凡事只要谨慎地遵守一定的规则和模式，就不会出现大的差错；一辈子衣食无忧的话，也可称得上是安逸的小康家境了。

【评析】

正确地认识模式与法则之间存在的客观必然联系，从中寻找到事理的内涵和意义，把握住本质与规律，一般就不会出现大的错误。但值得注意的是，也不能因循守旧，不求创新。只有在继承先人的优良成果的基础之上再去改革创新，才能获得更快的发展。从现代社会来看，人们更加推崇的是改革与创新，因为这是国家前进的动力和源泉。但在改革和创新中，我们也要量力而为，且不可盲目行事，而是在前人的文明成果之上去开拓更广阔的道路。

知足才能常乐，少欲才能知足，所以我们要少一些不切实际的欲望，多一些现实中的追求。如果只想过奢侈浮华的生活，执迷于物质的享乐，就会迷失本性，庸俗无为。只有淡然恬静的心态，才能享受到生活中的富有与快乐，才能在事业上有所成就。不懂知足的人，必定有着贪婪的心理，反而忽略了享受生活中的快乐时刻，错过了人生路上的诸多美丽风景。

## 五十四、耐得烦 吃得亏

【原文】

十分不耐烦，乃为人之大病；

一味学吃亏，是处事之良方。

【译文】

为人处世不能忍受麻烦，是一个人最大的缺点；任何事情都能抱着吃亏的态度，便是最好的处世方法。

【评析】

遇到麻烦能够审慎地处理，使其得到合理的解决，是我们所要的结果，但做到这一点并不容易。由于我们缺乏耐心，关键时刻总是控制不住自己的情绪，而大发雷霆。在失去理智的情况下做出了许多糊涂事，甚至把即将到手的成功葬送了，这都是由于我们缺少涵养和忍耐性造成的。无论遇到何事，都能够心平气和地面对，不急不躁地寻求解决的途径与方法，这样的人才是为人处世、接人待物的一把好手。

当风暴袭来的时候，最先吹折的是林中那棵独木高耸的树，而此时低矮的树木却能躲过灾难。由此可知，吃亏并不都是坏事，有时反倒体现了自己平和、容忍、谦虚和知足等方面的优点，从而让我们赢得更好的人缘，获得更多人的帮助。

## 五十五、读书自有乐　为善不邀名

【原文】

习读书之业，便当知读书之乐；

存为善之心，不必邀为善之名。

【译文】

把读书作为自己的事业，就能得到读书中的乐趣；心中存有行善的思想，就不必刻意求得好的名声。

【评析】

书本是我们获取知识的重要源泉，但读书不能只是为了获取知识，以求在未来的工作中应用，更重要的是以书中的知识来培养我们的道德和品行，以达到修身养性的效果，这样我们才会真正体味到书中的乐趣。一个人越能求知，则他就会越有知识。多积累一分知识，就足以丰富你的一分生命。

"人之初，性本善。"每个人心中都存有善念，只是有些人因为后天的追逐名利而没有把这颗善心长久保持下去，从而变成了庸俗的名利之心。所以我们如想行善，就必须抛弃对名利的索求，在实际生活中把我们的爱心奉献给需要帮助的人、奉献给社会。所以坦然地面对一切不公平的现象，在"吃亏"中培养自己完美的品格，能使我们在现实生活中更好地站稳脚跟。

## 五十六、知昨日之非 取世人之长

【原文】

　　知往日所行之非，则学日进矣；

　　见世人可取者多，则德日进矣。

【译文】

　　知道自己过去做得不对的地方，那么学问就能不断得到进步；看到他人值得学习的地方很多，那么品德就会不断进步。

【评析】

　　人难能可贵的就是发现自己的错误，并不断地改正，由于吸收了以前失败中的诸多教训而使自己有所进步，变得更加完善。而那些看不到自己错误的人，自以为什么都做得很优秀，从不反省自问，于是便不求上进、故步自封了，结果只能是学无所长，得无所进。经常待在一个环境中的人，在事业上总要落伍的，原因就是他们对于自己的小缺点、小错误熟视无睹，不懂得精益求精，追求卓越。

尺有所短，寸有所长。每个人都有各自的优缺点，这就说明了每个人都有值得我们学习的地方。孔子说过"三人行，必有我师焉"的名句，所以我们就应该善于利用别人的长处来弥补自己的不足，虚心求教于他人，则自己的德行自会逐日提高。"三人同行，必有我师"，给我们的启示就是要有谦虚谨慎，不耻下问的好学心态，不要自以为是，好为人师，而是要甘做别人的学生。因为每个人都有自己的长处，都有值得我们借鉴或学习的地方。

## 五十七、敬人即是敬己 靠己胜于靠人

【原文】

敬他人，即是敬自己；

靠自己，胜于靠他人。

【译文】

尊敬他人，就是尊敬自己；依靠自己，胜过依靠他人。

【评析】

俗话说：人敬我一尺，我敬人一丈。尊重他人不仅是一种优良的传统美德，更是增进感情、建立友谊的基础，只有相互敬重，才能彼此产生好感，继而加深了解和情义。相反，如果目中无人，自

高自大，只能暴露我们的无知和浅薄，从而受到他人的厌恶。尊敬他人首先要求我们有一颗良好的心灵，一种爱人的性情，一种坦率、诚恳、忠厚、宽容的心态。只有提高了自己的品德修养，我们才会把尊重他人变成现实。

自立是一个人安身立世的基础，只有把命运把握在自己的手中，我们才会做出一番事业来。有些人总是埋怨生不逢时，没有机会，其实这是弱者的推托之词罢了。所以我们要养成自力更生的好习惯。人生这场戏的主角就是我们自己，有什么不懂的地方可以向人请教，但绝对不能找人代唱，生活不是拍戏，而是要我们脚踏实地去走。

## 五十八、学长者待人之道 识君子修己之功

【原文】

见人善行，多方赞成；见人过举，多方提醒，此长者待人之道也。

闻人誉言，加意奋勉；闻人谤语，加意警惕，此君子修己之功也。

【译文】

见到他人好的行为，应多多地赞扬；见到他人有过失的地方，应多多地提醒，这是长者对待他人的方法。听到别人赞美自己的话，应该更加勤奋努力；听到他人诽谤自己的话，就该更加注意自己的

行为，这就是君子修养的功夫。

【评析】

别人有善行，我们理应去赞美、鼓励对方；别人有了过错，我们也理应去加以提醒、指正，从而让他们明白自己的优势，并保持下去，而缺点则及时改正。有长者之风的人掌握了赏罚分明，褒贬得当的公正，才会得到晚辈的尊重和敬仰，才会成为后辈进步的典范。

当听到别人的赞扬时，只是虚心地接受，而不扬扬得意，忘乎所以，始终保持一颗谨慎平静的心去面对；当听到别人的诬陷时，能够保持清醒的头脑反省自身，看看是否真的犯了错误，从而做到有则改之，无则加勉，以后不再给小人以可乘之机，

## 五十九、奢侈悭吝俱败家 庸愚精明皆覆事

【原文】

奢侈足以败家；悭吝亦足以败家。奢侈之败家，犹出常惰；而悭吝之败家，必遭奇祸。

庸愚足以覆事；精明亦足以覆事。庸愚之覆事，犹为小咎；而精明之覆事，必见大凶。

　　奢侈足以使家业败落，吝啬也能使家业败落。因奢侈而败家，还符合一般常情；而因吝啬败家，一定是因吝啬而遭受意外之祸了。愚笨足以败坏事情，而过于精明也会败坏事情。愚笨之人坏事，还常是小的过失，而因精明坏事，往往会是大的祸患。

【评析】

　　成由俭朴败由奢，这是个再简单不过的道理了。如果拥有万贯家财，却任意浪费挥霍，也总会有山穷水尽的那一天。但吝啬为什么也会败家呢？就是由于他们贪图财利，必然不思进取，从而最终将所有的财产耗尽。理财是人生中很关键的环节，君子爱财要取之有道，但说到用就更应该值得我们注意了，钱到用时不要吝啬，否则就解决不了问题；钱该节省时就要做到尽量不花，如果养成大手的习惯，势必会挥霍一空。

　　同样道理，才疏学浅，能力有限的愚笨之人办不成事情也是很正常的事，但精明之人为什么有时也是一事无成呢？就是因为他们过于算计，这就是"聪明反被聪明误"。

## 六十、安守本业　不入下流

【原文】

　　种田人，改习尘市生涯，定为败路；

读书人，干与衙门词讼，便入下流。

**【译文】**

种田的人，改做生意，定会遭到失败；读书的人，参与包打官司，品格便日趋低下。

**【评析】**

闻道有先后，术业有专攻。做事最忌朝三暮四，心猿意马，只有安于本分，恪尽职守，干一行、爱一行才会有所成就。如果忽然改习他业，不但在本职工作中落个好高骛远的骂名，还有可能会误入歧途，最终导致失败的下场。读书人不落下俗，做到知书达理，才是其本分，如果为了钱财而替人打官司，以犀利的言辞和巧辩的口舌为人争取胜诉，就有违自己读书人的称谓了。从反面来看，如果做事不懂得变通，只知死守教条的话，也免不了被社会淘汰。

从现代社会来看，如果没有时代的紧迫感，一味地墨守成规，安于现状，也免不了成为时代的落伍者，被社会淘汰。但是如果替人诉讼去伸张正义，正是社会所需要的具有正义感的人才。

# 六十一、衣食要知足 学业无止境

**【原文】**

常思某人境界不及我，某人命运不及我，则可以知足矣；

常思某人德业胜于我，某人学问胜于我，则可以自惭矣。

【译文】

常想到有些人的处境不如自己，有些人的命运也不如自己，就感觉到自己很知足了；常想到某人的品德比自己高尚，某人的学问也比自己丰富，心里也就有种惭愧的感觉。

【评析】

人贵要有知足常乐的精神，能够吃饱穿暖，衣食无忧，我们就应该感觉很幸福了。这样既可作为人们安于现状的心理依据，又可作为承认现实，平衡自我，保持乐观生活心态的调适手段，但这样做并不是要求我们不思进取，而是希望我们都能有知足常乐的精神。

在品德和学问上，我们应该向更高的人看齐，因为人类最大的幸福不是物质享受，而是心灵的享受，如果只顾衣食，而忽略了真善美的精神境界，那就无异于行尸走肉了。唯有对德业无限的追求，才能不断拓展我们的生命境界，使我们的生活更丰富、更有意义。对德业和学问的不断追求，能够丰富我们的生命内涵，拓展人生境界，从而更深切地感知生活的多彩和美丽。

# 六十二、贫富不改志 义利自选择

## 【原文】

读《论语》公子荆一章，富者可以为法；

读《论语》齐景公一章，贫者可以自兴。

舍不得钱，不能为义士；舍不得命，不能为忠臣。

## 【译文】

读《论语·子路》公子荆那章，可以让富有的人效法；读《论语·季氏》齐景公那章，可以让贫穷的人奋起。如果舍不得金钱，就不可能成为义士；如果舍不得性命，就不可能成为忠臣。

## 【评析】

公子荆对待财富，既知足常乐，又善于理财，贫不丧志，富不骄人，始终保持平和的心态。这应该是值得富人效法的地方。齐景公养马千匹，却没有为人称道。贫弱时奋勉的精神，却可以激起贫穷者奋发向上。如果贫者安于贫，不求进取，终究是无所作为。

义士贵在懂得取舍之道，能视钱财如粪土，仗义施财，救济贫困，才能受人尊崇和爱戴，才可谓真正的义士。那些不怕牺牲，甘于将毕生精力献给国家和社会的官员，才是真正的忠臣。如果是贪生怕死，见困难就躲，见荣誉就上的官员，又怎能换来百姓的拥护和忠义之称呢?


## 六十三、富贵要谦恭 衣禄需俭省

【原文】

　　富贵易生祸端，必忠厚谦恭，才无大患；

　　衣禄原有定数，必节俭简省，乃可久延。


【译文】

　　富贵容易招来祸患，一定要忠诚厚道、谦逊恭敬地待人，才会避免祸患；衣食福禄本来都有定数，所以一定要俭朴节省，才能使福禄长久持续。


【评析】

　　富贵经常是祸害的源头，遭人嫉妒，甚至暗算是很平常的事，这就提醒我们要谨慎勤勉，多行宽厚仁义之举，且不可为富不仁或仗势欺人，只有这样我们才会得到他人的尊重，不招人嫉妒而没有不必要的忧患。

　　生活中的许多事是不能强求的，如果想凭着个人的好恶去极力改变，就会反受其累，不但损害了事物本来的面目，还让我们自己难以得到生活的快乐。人的衣食都有一定的限数，并非是取之不尽、用之不竭的，这就要求我们要力行勤俭节约，不可奢侈浪费，这既是陶冶情操之本，也是治家富国之道。


## 六十四、善有善报 恶有恶报

【原文】

作善降祥，不善降殃，可见尘世之间已分天堂地狱；

人同此心，心同此理，可知庸愚之辈不隔圣域贤关。

【译文】

做好事就能得到好报，做恶事就会遭到恶报，由此可知，人间已有天堂与地狱之分了。人心是相同的，道理也是相同的，由此可知，愚昧平庸的人并没有被拒之于圣贤境界之外。

【评析】

古人经常以善有善报、恶有恶报来教育感化那些作恶之人。虽然现实之中不一定行善就上天堂，作恶就入地狱，但天堂和地狱般的感受我们还是经历过的，做了坏事之后，心理恐慌、心神不定，甚至落个家人不和、妻离子散的结果，与地狱又有什么区别呢？

圣贤与愚笨并没有本质的区别，因为人心原本都是相同的，只不过是由于后天的努力程度不同才造就了圣愚之分，所以只要我们不自暴自弃，勤奋努力地去拼搏，照样可以做一个圣贤之士。如果失去了进取心，我们就不会坚持学习，遇到挫折就会容易放弃。当人过中年后，就可能会一事无成，甚至苟且偷安。


## 六十五、和平处世 正直居心

【原文】

　　和平处世，勿矫俗以为高；

　　正直居心，勿设机以为智。


【译文】

　　为人处世要做到心平气和，不能违背习俗，自视清高；平日居心要公平正直，不要玩弄手段，自作聪明。


【评析】

　　入乡随俗，与相处之人有了共同的兴趣与爱好，才会拥有和睦融洽的氛围，为自己赢得好的口碑和声誉。如果总是自命清高，故意显露自己的独特之处，结果只会背离民心，事与愿违，做事也会得不偿失。所以说服从民意，顺应历史潮流才是我们前进的正确方向。保持一颗平常心是事业经久不息的根本，但我们周围的一些年轻人，过分看重技巧、权谋、面子，追赶时尚，贪慕虚荣。

　　为人处世不仅要平易近人，还要光明磊落，公正严明，如果迫于权势或邪恶便使用阴谋手段，以求躲避灾难或获得不义之财，其最终是要遭到报应的。因为这些虚伪狡诈、好施心机的小人所走的是一条通向地狱的不归路，迟早会被自己的恶毒之心所吞噬。


## 六十六、君子拯救尘世 圣贤关心民生

**【原文】**

> 君子以名教为乐，岂如嵇阮之逾闲；
>
> 圣人以悲悯为心，不取沮溺之忘世。

**【译文】**

真正的人应以研习圣贤之教为乐，怎能像嵇康、阮籍那样，不守规范，放浪形骸呢？圣贤人应抱有悲天悯人的胸怀，关心民生疾苦，怎能像长沮、桀溺那样，消极避世，逃避红尘呢？


**【评析】**

"竹林七贤"中的嵇康、阮籍两人生性懒散，崇尚自然清净，不拘礼法，蔑视名教，是对当时不合理时代的消极反抗，这是不可取的。如果现在我们不问青红皂白，也机械地模仿学习，无异于邯郸学步，受其连累。自己幸福就应该心安理得地去享受，只是在不可存有攀比心的同时，也不要丢弃进取心。

长沮和桀溺是春秋时期的两位隐士，他们主张逃避现实，这对于以拯救社会为己任的志士来说也是不可取的，现代社会的我们要有"先天下之忧而忧，后天下之乐而乐"的胸怀，立志为国家的建

设和发展贡献一份力量，真正体现我们的人生价值。


## 六十七、勤俭安家 孝悌家和

【原文】

纵容子孙偷安，其后必至耽酒色而败门庭；

专教子孙谋利，其后必至争赀财而伤骨肉。


【译文】

纵容子孙贪图享乐，那么子孙以后定会沉湎于酒色而败坏门风；只教子孙谋取钱财，那么子孙以后定会因争夺财产而骨肉相残。


【评析】

教育子孙，应勉励其勤奋学习，求得立世之本、做人之道，通过磨炼其身培养他们自力更生的能力。如果不从小严加管教，而是放纵子女胡作非为，必定会使他们染上社会的不良风气，败坏门风不说，还很可能葬送了他们的前程。

教子孙读书求知是正道，教他们谋利也无可厚非，问题在于如果把追求名利作为唯一目标，而忽略了道德的培养，势必会使子孙沦为唯利是图的小人，甚至为了钱财不顾至亲，落得个兄弟相伤、败坏人伦的下场。

现在不少家庭确实非常重视对子女的教育。但是，从实际的教育情况来分析，不免让人担忧。如果家长扭曲了孩子的兴趣与爱好，而不是根据具体情况因材施教，那么这种不顾孩子个人意愿的行为不但难以使其成才，还有可能会适得其反。

## 六十八、忠厚兴业 勤俭兴家

【原文】

　　谨守父兄教诲，沉实谦恭，便是醇潜子弟；

　　不改祖宗成法，忠厚勤俭，定为修久人家。

【译文】

　　谨慎遵守父兄的教导，沉稳诚实、谦虚恭敬，便是忠厚子孙；不擅改祖宗传下的处世方法，忠诚厚道、勤奋俭朴，便能使家道长久不衰。

【评析】

　　父兄理应是子弟的榜样，所以传统的治家思想要求子弟遵从父兄的教诲，这样能起到父兄的督促带动作用，传给子弟丰富的阅历和经验，以避免他们的鲁莽行为。"诚以守信，谦以待人"是每个人不可缺少的美德，更是有真知灼见的先辈教导子弟必备的做人准则和持家妙方。

　　勤俭是养生治家的基础，这不仅是一种美德，也是所有家庭成员理应遵守的规范。四体不勤则收获薄寡，奢靡妄废则无以厚积丰家。所以我们在人生道路上要克服享乐主义和拜金主义的诱惑，洁身自好，做一个克勤克俭、教子有方的好家长。无论是持家、经营企业，还是治理国家，学会理财是成功与否的关键因素。因为事业的成功光靠良好的人际关系、先进的管理方法和熟练的业务能力是不够的，而理财是其中的基础环节，如果我们想过上幸福的生活，就必须多学点关于理财的知识。

## 六十九、莲朝开而暮合 草春荣而冬枯

【原文】

　　莲朝开而暮合，至不能合，则将落矣，富贵而无收敛意者，尚其鉴之。

　　草春荣而冬枯，至于极枯，则又生矣，困穷而有振兴志者，亦如是也。

【译文】

　　莲花早晨开放而傍晚闭合，到了不能闭合时，那说明快要凋零了，富贵而不知收敛的人，最好能以此为鉴。草木春天繁盛而冬天枯萎，等到枯萎到极处时，又到发芽的时候了，身处困境中而能奋起的人，也应该以此为激励。

【评析】

　　朝开暮合的莲花给我们的启示就是：人不能自高自大，事不能半途而废，业不能勃创懒守，只有始终保持旺盛的活力，高昂的斗志，才能摆脱昙花一现的美景，拥有持久的幸福与快乐。否则，就像那莲花一般，只会给人一时的惊喜，却留不下永恒的回忆。

　　天无绝人之路。即使身处困难的窘境也不要灰心丧气，丧失信心，只要我们勇敢地坚持与命运斗争，终有翻身之日。奋发才能图强，如果遇到困难便意志消沉，停止前进，甚至产生放弃的念头，这样永远不会达到理想境地。“不经一番寒彻骨，哪得梅花扑鼻香。”世上没有一帆风顺的道路，看似很平坦的路程也总是有个弯或有个坎，在路上摔倒了能够坚强地爬起来，这才是生活的强者。我们不经历苦难的历练，又怎能铸就自己的坚强意志，从而迎来理想的实现呢？

## 七十、自伐自矜必自伤 求仁求义救自身

【原文】

　　伐字从戈，矜字从矛，自伐自矜者，可为大戒；

　　仁字从人，义（義）字从我，讲人讲义者，不必远求。

【译文】

　　伐字左边是“戈”，矜字左边是“矛”，戈、矛都是兵器，有

杀伤之意，所以自夸自大的人要引以为戒；仁字左边是"人"，义（義）字下面是"我"，所以讲求仁义，从自身做起就可以了。

## 【评析】

"满招损，谦受益。"中国人向来以谦虚为本，喜戒骄戒躁，而伐、矜两字都有自我夸耀之意，是很危险的。如果一个人傲慢骄纵，目空一切，那他做事就会固执己见，刚愎自用，不会接纳任何人的意见，从而会自毁长城，走向失败的边缘。骄傲自满的人多是由于浮躁心所致，不知道天外有天，人外有人，以为自己处处都高人一等。其实，这些人只能招来别人的怨恨，摆的架子越高，留给别人的印象就会越浅薄，这只是一种没有素质和修养的表现。人高高抬起的头颅不一定能成为旗帜，关键是我们的双脚踩得有多坚实。

仁义是中国封建社会思想的精髓。行仁政、重礼义，是对每一个人的要求。"仁义不施，则攻守之势异也"，由此可见，如果不行仁义之事，便会造成失道者寡助的结局。

立身篇

## 七十一、贫寒也需读书 富贵不忘稼穑

**【原文】**

家纵贫寒，也须留读书种子；

人虽富贵，不可忘稼穑艰辛。

**【译文】**

即使家境贫寒，也应该让子孙读书；就算生活富裕，也不可忘记耕种收获的艰辛。

**【评析】**

"玉不琢，不成器，人不学，不知义。"只有读书，才能获得知识，才能明白事理，才能发挥自己的才干为国效力，所以不管家境如何困难，我们都不能剥夺孩子受教育的权力。现在国家倡导的义务教育就是提高国民素质，增强综合国力的重要举措之一，因此我们要大力支持，再苦也不能苦孩子，再穷也不能穷教育。

虽然现在我们生活在物质和文明高度发达的新时代，但中华民族艰苦奋斗、勤俭节约的优良传统是不能忘却的，因为那是我们的传家宝，需要我们世代相传下去，所以我们要做到富了不忘根、不忘本，养成谨身守成、节俭好省的良好品德。只知自私享乐的人，容易迷失自己的本性，其结果也必然走向毁灭。一些涉世不深的年

轻人在诱惑和享乐面前往往难以控制自己，一旦他们陷入这泥泞的沼泽就会难以自拔，这不但伤害了自己的身体，还会挥霍掉自己的财富，丧失进取心，从而一事无成，悔恨终生。

## 七十二、俭可养廉 静能生悟

【原文】

  俭可养廉，觉茅舍竹篱，自饶清趣；
  静能生悟，即鸟啼花落，都是化机。
  一生快活皆庸福，万种艰辛出伟人。

【译文】

  勤俭可以培养一个人廉洁的品性，即使住在茅屋竹棚之中，也有它清幽的乐趣；安静的环境可以使人领悟世间的道理，即使飞鸟啼鸣、花开花落，也都是造化的生机。一生快快乐乐只是平凡的部分，历经千辛万苦才能成就一个伟大的人。

【评析】

  生活俭朴能使人在经历苦难的磨炼后拥有顽强的意志，开阔的胸怀，从而不为欲望所驱使，获得精神上的超凡脱俗，所以他们即使生活于竹篱茅舍中依然快乐洒脱。如果被外界的物欲浮华迷失了心窍，无法超脱红尘的束缚，即使居住在高楼大厦也是不会满足的，可见保持快乐需要我们淡泊名利的心境。

心静后才能更专心地体会大千世界的玄妙之处，才能更好地修养我们的身心、培养我们高远的志向，从而做到"宁静以致远，淡泊以明志"。

一生只知快乐的生活，碌碌无为地度日，那只能算是平庸的人，只有拥有更高的追求和理想，才会让我们变得伟大。但走向伟大的人，又没有一个不是经过艰苦的奋斗得来的，所以不劳而获是没有快乐可言的。

## 七十三、存心方便即长者 虑事精详是能人

【原文】

济世虽乏资财，而存心方便，即称长者；
生资虽少智慧，而虑事精详，即是能人。

【译文】

虽然没有足够的钱财去帮助他人，但只要处处给人方便，就是一位有德的长者；虽然天资不够聪明，但只要考虑事情周到细致，就能成为能力很强的人。

【评析】

能仗义疏财，扶危济困，固然值得称道，但人在很多时候还需

要我们的精神救助，因为财助只能起到一时功效，而使人精神得到慰藉，可以让他自力自生，效果更为长久。物质上的也好，精神上的也罢，只要我们怀有一颗处处为他人着想的心，就会以德化人，而美名传千里。

"智者千虑，必有一失；愚者千虑，必有一得。"不管天资是否聪明，只要遇事认真思考，全面分析，总会有所收获的。一个人天生聪明却不思进取，做事草率，也难免会有马失前蹄的时候。命运是把握在我们自己手中的，当身处困境时，真正能够把我们救出苦海的也只有自己。但在现实中有许多人却放弃了自救的机会，因为他们在困境中看不到希望，看不到目标，从而失去了奋斗的决心和勇气。所以无论我们的境况有多糟糕，自身条件有多差，只要不熄灭心中燃烧的熊熊火焰，我们就能变不利为有利，摆脱窘境的困扰。

## 七十四、常怀振卓心 多说切直话

**【原文】**

一室闲居，必常怀振卓心，才有生气；

同人聚处，须多说切直话，方见古风。

**【译文】**

悠闲独处之时，要有振作奋进的心志，才会有蓬勃向上的生机；与人相处时，要多说恳切正直的话，这才是古人处世的风范。

人在闲散独居时，容易养成懒散而不知节制、消极无为而虚度时光的恶习。所以当我们独自行走在人生之路上，一定要经常激励自己，不可有丝毫懈怠，更不可心灰意冷，而是充满信心、朝气蓬勃地不断追求。散漫的人看不到散漫的坏处；散漫的人也总是在为自己找借口；散漫的人不会在乎任何人的忠告，直到他们因此吃足苦头，才会醒悟过来。大部分的成功者都有一个严谨的作风，他们不能容忍自己的每一个失误。这样也许会辛苦一点，但比起因散漫而带来的巨大损失，这一点点辛苦还是值得的。

当我们与人相处时，要十分注意自己的言行，要本着说老实话，做老实人；说正直话，做正直人的目的去与人交往，从而多交朋友，多多受益，与人共同进步，共同发展。

# 七十五、虚怀若谷即有才德 骄奢淫逸枉自富贵

【原文】

观周公之不骄不吝，有才何可自矜；

观颜子之若无若虚，为学岂容自足。

门户之衰，总由于子孙之骄惰；

风俗之坏，多起于富贵之奢淫。

【译文】

　　周公不因为自己的才德过人而对人有骄傲和鄙吝之意，所以有才能的人怎么能骄傲自大呢？孔子的弟子颜渊永保若无若虚的境界，不断虚心学习，所以说追求学问又怎能自我满足呢？一个家庭的败落，多是由于子孙的骄傲与懒惰；一个社会风气的败坏，多是由于人们过度的奢侈与浮华。

【评析】

　　人只有谦虚而不恃才放旷，才会博得众人的尊敬与爱戴，就像周公以德才之美名扬后世一样。如果一个人空有其才却自高自大的话，不能为社会所用，那才华又有何用呢？孔子经常赞扬颜渊德行的高尚，就是因为他的谦虚谨慎。可见越是学问高深的人，越是感到自己的不足。

　　骄横懒惰与奢侈浮华是家庭败落的重要原因。纵观历史，朝代更迭，大都是由于官员贪污腐化所致，可见治理国家一定要反对腐败，提倡廉洁，从而树立新风，创造伟业。个人生活方面也是如此，勤俭方可持家，努力进取才能让我们生活变得更美好。

# 七十六、凝浩然正气　法古今完人

【原文】

　　孝子忠臣，是天地正气所钟，鬼神亦为之呵护；

圣经贤传，乃古今命脉所系，人物悉赖以裁成。

**【译文】**

孝子与忠臣，都是天地间浩然正气培植而成的，所以连鬼神也呵护关爱他们；圣贤的典籍，都是从古至今维系社会的命脉，各种伟人都是在这些经典的指导下成长起来的。

**【评析】**

百善孝当先。孝敬父母是几千年来中华民族的光荣传统，恪尽职守、精忠报国，是我们心底不可缺少的浩然正气，而应永生铭记于心，并落到实处。父母赐予我们生命，把我们抚养成人，教给我们为人处世的能力，这些恩德是我们做儿女的一生都难以报答的，如果我们连最基本的孝道都尽不到，那就真妄为人了。

古代圣贤留下的许多经典著作都是后人不可缺少的精神食粮，因为从中我们得到的不仅仅是知识，更多的是修身齐家治国平天下的大道理。如果能依据圣贤的教化去判断是非、为人处世，定会有所作为。同时，在吸取先人文明成果时，我们也要区别对待，优秀的我们要发扬光大，那些不合时宜的也要果断摒弃，只有趋利避害，才能终身受益。

## 七十七、饱暖则气昏志惰 饥寒则神紧骨坚

【原文】

饱暖人所共羡，然使享一生饱暖，而气昏志惰，岂足有为？

饥寒人所不甘，然必带几分饥寒，则神紧骨坚，乃能任事。

【译文】

人人都美慕吃得饱、穿得暖的生活，可要是一生都生活在温饱中，而精神却松懈懒惰，这样能有什么作为呢？人们都不愿过着饥饿与寒冷的生活，然而饥寒却能使人抖擞精神、强健骨气，从而承担重任。

【评析】

饱暖思淫欲。过分沉湎于花天酒地、灯红酒绿的生活中，就很容易导致我们贪图享乐，而忘记了勤勉，放松了品德的修养，还想有所作为，这怎么可能呢？处在幸福生活中，能不忘在追求卓越中延续自己的青春和生命，立志向更高的境界迈进，这才是正确的养生之道。生于忧患，死于安乐。只知享受幸福生活，却不思进取，结果必定在沉沦颓废中死去。

清苦劳累，饥饿寒冷是我们每个人都不想体验的，但这样的环境却可以磨炼我们的意志，增添我们的能力，所以当我们处于困境中时，应该以积极的态度去面对，而不是悲观绝望，只有咬紧牙关挺过风雨的洗礼，我们才会看到那美丽的彩虹。

## 七十八、愁烦中具潇洒襟怀 暗昧处见光明世界

【原文】

愁烦中具潇洒襟怀，满抱皆春风和气；

暗昧处见光明世界，此心即白日青天。

【译文】

在忧愁与苦闷中能具备潇洒大度的胸怀与气愤，心情才会如徐徐春风般一团和气；在昏暗不明的环境里要有开朗博大的胸怀，心境才会像阳光普照般明亮。

【评析】

人生不如意十之八九。要想抛却烦恼，就得扫除扰乱心境的杂念，放弃纠缠我们的事物，从而才能拥有豁达洒脱的胸怀。不因得失斤斤计较、耿耿于怀，才可以培养我们潇洒的情趣。

一个胸怀大志的人，是不会因暂时的黑暗而放弃既定目标的，因为他们有坚强的意志支撑着自己的信念，有高远的理想引导着自

己的前进方向，只要闯过暂时的黑暗后，他们就会迎来永久的光明。在一件事情没有发展到不可收拾的地步时，我们千万不要轻言放弃，因为许多奇迹往往都是在事情看似无可挽回的时刻才出现的。当一个目标成为众人追逐的对象时，最能坚持的往往会笑到最后。

## 七十九、势利人行为虚假 虚浮者一事无成

【原文】

势利人装腔作调，都只在体面上铺张，可知其百为皆假；

虚浮人指东画西，全不问身心内打算，定卜其一事无成。

【译文】

势利的人喜欢装腔作势，只知道表面铺张，由此可以看透他所作所为都是虚假。不切实际的人词不达义，东拉西扯，而内心没有明确的目标，从而预料这些人什么事都做不成。

【评析】

势利之人爱投机取巧，他们有了钱就恃财放荡，自我炫耀，而对人则虚伪不实。遇到权势便溜须拍马，卑躬屈膝，而面对百姓则盛气凌人，目空一切，其言行之间都表露出虚假做作之意，让人痛恨厌恶，实属社会的蛀虫。

肤浅之人无自知之明，胸无点墨，他们觉得生活百无聊赖，所

以每天总是无所事事，而对别人倒喜欢夸夸其谈，指手画脚，似乎高人一头、强人一等的样子。其实这样的人空虚浮躁，只有唱功，没有做功，终将一事无成，遭人鄙弃。

现实中势利和肤浅的人不在少数，但更可怕是那些势利小人，他们善于在背后攻击他人，让人防不胜防，深受其害。而肤浅之人只不过是些无自知之明的凡夫俗子，只要我们不与之计较，是不会有什么损失的。

## 八十、心胸坦荡 平淡养气

【原文】

不忮不求，可想见光明境界；

勿忘勿助，是形容涵养功夫。

【译文】

由安贫乐道，与世无争，可以看出一个人心境的光明；不忘记行施道义以培养自己的涵养，便是培养浩然正气的好方法。

【评析】

人不可过分追逐名利，名利是一把绳索，会让我们丧失人格。如果一个人为名利而苟活，他就会变得唯利是图，贪得无厌，欲望便会越来越大，由于被名利拖累，心便会越来越累，最终吞噬了自己的一切，包括人格与性命。属于我们的名利到时自然会来到的，不属于我们的即使强求也得不来，保持平常的心态去面对，我们便不会受其拖累，反而能够自由自在地出入名利场中。

　　人不但要有光明境界，还必须讲究内在的涵养，这就要求我们不但要做好自己的分内之事，还要尽力做别人需要自己做的事。能够想到为别人排忧解难，这种伟大的博爱胸怀是高于自身其他优秀品质的美德。如果没有乐于助人的品质，一心只为自己，又何来涵养可谈？做事应有精益求精的追求，只有精诚所至，才能达到理想的效果，才会凸显自己的涵养。


## 八十一、求理数难为　守常变能御

【原文】

　　数虽有定，而君子但求其理，理既得，数亦难违；
　　变固宜防，而君子但守其常，常无失，变亦能御。

【译文】

　　运数虽有限定，但君子只求所做之事合理，如与事理相符，运数便不会违背理数；凡事虽然应该防止意外，但君子只要能坚守常道，常道不失，那么再多的变化都能应对。

【评析】

　　虽然世间万物纷繁复杂，但并非无规律可循，只要我们按照内在的理数去做事，便能抓住事物的根本所在，从而不悖于常理，也不会因运数的限定而无所作为，更不会担心命运的好坏。许多人失败后总埋怨命运的不济，其实是我们自己没有把握好命运，没有承受住上天的考验。幸运女神赠给我们成功的冠冕之前，往往会用逆境严峻地考验我们。能在逆境中坚持下去，便是取得成功的根本。

　　谋事在人，成事在天。在制定目标时，既不好高骛远，也不妄自菲薄，把长远目标与近期目标有机结合起来，按部就班地做起，才有助于理想的实现。对多变的事物只要及时预防，早做准备，我们才能把握它的客观规律，谨守住常道，以不变应万变，从而立于不败之地。如果思想呆板，墨守成规，那就无法灵活把握，则结果必定有违常道。


## 八十二、和善为祥瑞　骄恶必凶败

【原文】

　　和为祥气，骄为衰气，相人者不难以一望而知；
　　善是吉星，恶是凶星，推命者岂必因五行而定。

【译文】

　　平和是一种祥瑞之气，骄傲是一种衰败之气，所以观相的人很容易就看出来；善良是吉星，恶毒是凶星，所以算命的人不用阴阳五行就可以推算出吉凶。

## 【评析】

平和既有利于个人的成长，也有利于家庭的兴旺和国家的长治久安。目中无人，眼空四海，不仅损其身、害其事，还会败其家。欲想和气就要把握适度，不偏不倚，只有在适中的情况下才能够更准确地处理事情。和气生财，和气才能够赢得好的人际关系和友谊。

为善与作恶的人从外表也可以看出来，只要我们善于观察，就不必用什么五行阴阳来推测。多行不义之人，即便能猖狂一时，也不可瞒天过海一世，总有一天会原形毕露，得到应有下场。生活中如果我们能够善于观察，就不会被事物的外表蒙蔽了眼睛。观天色，可推知阴晴雨雪，不受风吹雨淋；看脸色，可推知对方的情绪，便于相处和心心相印。最后我们应该明白善于观察的目的：不是为了单纯地保护自己，同时也为了与他人同舟共济，共同前进。

## 八十三、人生不可安闲 日用必须简省

## 【原文】

人生不可安闲，有恒业，才足收放心；

日用必须简省，杜奢端，即以昭俭德。

人不能只知安逸闲淡，有了长远的事业，才能收住放任的本心；平常花费必须节俭，杜绝奢侈浪费的习性，就能体现勤俭的美德。

【评析】

在忧患中才可得以生存，而在安乐中我们便会慢慢死去。如果每天只知安逸地享受生活，我们就容易养成懒散懈怠的毛病，从而不思进取，一生也只能是碌碌无为。只有在空闲时找点事做，我们才会觉得生活更充实、更有乐趣。克服懒惰的最好方法就是要有进取心，因为进取心代表着高远的、持久的目标。只要始终相信自己能有一番作为，我们便可积极主动地追求自己的梦想。这样我们才能不断地超越自己。

一粥一饭，当思来之不易；半丝半缕，恒念物力维艰。勤俭节省是中华民族的传统美德。勤俭节约被传为佳话，而挥霍无度、花天酒地的生活历来为人们所唾弃，所以我们应该以俭省为荣，以奢靡为耻。现在的物质生活条件虽然好多了，但勤俭节约的光荣传统是永远不能丢弃的，我们应该把生活中的每一分钱都花在刀刃上，以求用得其所，有价值。

## 八十四、远见卓识 铁面无私

### 【原文】

成大事功，全仗着秤心斗胆；

有真气节，才算得铁面铜头。

### 【译文】

能成就大事者，完全是凭着坚定的信念和卓越的胆识；真正有气节的人，才能够做到铁面无私，不畏强权。

### 【评析】

凡能够成就大事业的人，无一不是具有远大的理想和顽强的意志，而且他们的理想和高远志向绝不会因为困难而退缩。他们都有过苦难的经历和艰辛的历程，面对困难与挫折，他们并没有逃避，而是在逆境中奋起，在苦难中新生，最终实现了自己的梦想，成就了辉煌的事业；面对艰难险阻，敢于乘风破浪，敢于打破常规，从而开创了新的业绩，造就了新的局面。另外，想成大事者，还必须得识大体，顾大局，能辨别真假与善恶，以保持志高而不偏，功就而不遭毁。

人活着一定要有骨气。"宁为玉碎，不为瓦全"，是一种骨气；"富贵不能淫，贫贱不能移，威武不能屈"更是一种骨气，只要我们为人处世有一股坚贞不屈、大义凛然的正气，就能够在心底拥有一种刚正不阿的节操。

## 八十五、责己不责人 信己亦信人

【原文】

但责己，不责人，此远怨之道也；

但信己，不信人，此取败之由也。

【译文】

只责备自己，不责备他人，是远离怨恨的处事方法；只相信自己，不相信别人，是导致失败的主要原因。

【评析】

欲正人者，必先正己。管不好自己，就别妄图改变别人；自己做不到的，更不要强求别人做得多么优秀，因为只有当你的能力在别人之上时，你的建议才会得到别人的尊重和采纳，因为人敬佩的都是强者，而不是那些连自己都不如的人。如果你是一个无自知之明的人，那随意指责别人的结果只能是招来更多的怨恨。

自信是一个人必不可少的重要因素，但如果只是孤芳自赏，而不信他人，就容易偏听偏信或是一意孤行，难以得到他人的良言相劝，更无法改变自身存在的缺陷，而自己则刚愎自用，所以做事经常以失败告终。能够在自信的基础上去多采纳一些他人的意见，集思广益，博众家之长，便可使我们在处事中得到更多的帮助，从而把事情做得更完善。

## 八十六、通达事理 无做作风

【原文】

无执滞心，才是通方士；有做作气，便非本色人。

【译文】

没有执着滞碍之心，才是通达事理的人；有矫揉造作之气，便无法做到朴实无华。

【评析】

有执滞心的人往往不能够灵活地看待问题，而是单凭个人之见处理事情，他们犯的是死守教条、因循守旧的错误，这种人是无法成就大事的。只有那些善于开动脑筋，用灵活变通的方法去处理事情的人才算得上是智者。灵活变通与我们平日所说的圆滑事故、小聪明是有着本质区别的。前者要求我们对事不可执着不放，以免产生僵局，这是一种智慧的选择；后者则多是阴险狡猾之辈所使用的伎俩，其多是为一己私利而施用的阴谋手段。

世上有一些人整天好似戴着面具生活，让人难以看清他们的真面目。为人处世显得蓄意而矫揉造作，给人一种自欺欺人的感觉。本色之人展现的是真实而完整的自我，在嬉笑与怒骂中，不会有半点的故意修饰或伪装，而是把自己的性情如实地表达出来，这种朴实无华的人才会受到大家的欣赏。

## 八十七、正直之心 留名后世

【原文】

　　耳目口鼻，皆无知识之辈，全靠者心作主人；

　　身体发肤，总有毁坏之时，要留个名称后世。

【译文】

　　眼耳鼻口都是没有思想的器官，它们全由我们的内心来指挥；身体随着人死后都会腐朽，但我们却可以留个好名声让后世称道。

【评析】

　　不管是修身，还是养性，其根本还是说的养心。佛家认为万物皆由心造，人心之外的一切都可以看成它的从属，如果一个人能够做到心净性明，便不会再有执着与妄念。所以我们首先要爱护好自己的心灵，一生多做善事，这就是为什么一个人要想成为品行高尚、有所作为的贤者而必须从"正心"上下功夫的原因。

　　雁过留声，人过留名。人生一世，能够留给后人最珍贵的也就只有我们的品德了。什么样的名声都是由我们个人造就的，绝对与他人无关，此生多行善举便可流芳百世，如果作恶多端必是遗臭万年。至于身外之物，在随着我们离世而去时也不过都烟消云散罢了，又有什么值得我们留恋的呢？

## 八十八、后天需努力 小节要谨慎

【原文】

有生资，不加学力，气质究难化也；

慎大德，不矜细行，形迹终可疑也。

【译文】

天资虽好，但后天不学习，其性格情操还是难有改进；在大的德行上细心留意，但忽略了小节方面，终究不能让人心悦诚服。

【评析】

一块金子长埋于地下，没有人来挖掘，就不会发出光芒来；一块玉石搁置一旁，没有人去雕琢，就不会体现它的价值所在。天才是勤奋加上汗水造就的，而不是天生得来的，一个平凡的人经过后天的努力同样可以成为社会有用的人才。如果只有天资，而不去努力学习，那结果就像韩愈笔下的方仲永一样，最终变成平庸之人。只有聪明的大脑与刻苦的学习相结合，才可成就杰出的人才。

考察一个人不能只从大体上把握，也要注重局部的功能。如果从细微之处去观察，我们便能起到"窥一斑而知全豹"的效果，从而更能清楚准确地看懂一个人。只有大事不糊涂、小事不疏忽的人，才是社会所需要的那种成就大事、拥有完善人格的人。

## 八十九、忠厚传世久 恬淡趣味长

### 【原文】

世风之狡诈多端，到底忠厚人颠扑不破；

末俗以繁华相尚，终觉冷淡处趣味弥长。

### 【译文】

人世存在许多狡诈的行为，但忠厚老实的人，总会受人尊重，立于不败之地；末世的习俗虽然越来越奢侈浮华，但处在清静平淡中的日子还是值得人回味的。

### 【评析】

狡诈之人，不管阴谋手段如何高明，都有被识破的一天。而忠厚老实之人以诚信为本，不为攻讦、非难所退却，不为他人误解所困扰，不为任何逆境所屈服，故此以稳重质朴的性格受到了世人的尊敬，从而留得千古美名。为人忠厚老实、真诚坦率，便更容易赢得他人的信赖与支持。如果一个人拥有真诚，他便可以拥有一切；

如果一个人失去真诚，他终将一无所有。

获得荣华富贵的过程充满劳作、艰辛，有可能还得昧着良心或是出卖自己的灵魂。如果一个人从爱财、敬财，转到聚财、贪财，这实质上就是一次由见钱眼开到谋财害命的经历，其行为罪大恶极。钱财固然是生活中不可缺少的一部分，但如果让金钱占满我们整个心田，而不留一片清净之地的话，又如何去感受平静而安详的生活情趣呢？

## 九十、交正直友 学德高人

【原文】

能结交直道朋友，其人必有令名；
肯亲近耆德老成，其家必多善事。

【译文】

能结交光明正大的朋友，这样的人必定有好的名声；肯亲近德高望重的长者，这样的家庭必然常做善事。

【评析】

近朱者赤，近墨者黑。与道德高尚、品行优良的人交朋友能够净化我们的心灵，提高我们的觉悟。只有真正的朋友才会雪中送炭，与我们相互鼓励，才可称得上是世间最宝贵的财富，而我们便也成了世上最值得庆幸的人。如果与一些奸邪下流之人交朋友，那必定会同流合污，身败名裂，所以我们在广泛交朋友的同时，也要慎重选择。得知己好友，会一生受益；交不义之友，则会贻害终生。

在平日生活中，我们不要小瞧那些看来微不足道的老人，他们都有着丰富的生活经验和人生阅历，他们都可以成为我们学习或生活中的老师，只要我们细心观察他们的言行，肯虚心地向这些老前辈请教，就一定会有许多意想不到的收获。这样不但可以避免我们走弯路，还能教诲我们如何建立一番丰功伟业。

## 九十一、解人纷争 劝说因果

【原文】

为乡邻解纷争，使得和好如初，即化人之事也；

为世俗谈因果，使知报应不爽，亦劝善之方也。

【译文】

替乡邻们解决纷争，使他们如当初一样友好相处，这也是感化他人的善事；向世人宣说因果报应，使他们知道善恶到头终有报的道理，这也是一种行善的方法。

【评析】

远亲不如近邻。如果邻里之间能够和睦相处，我们的生活便会更精彩，更快乐。相反的话，邻里关系形同陌路，老死不相往来，我们则会觉得世事苍凉，人情淡薄。由此可见，建立一个良好的邻里关系对我们是多么地重要。现代人的生活，同居一层楼房，很长时间都不知邻居姓字名谁，如此近的距离却存在着这么陌生的关系，又怎能谈得上友好相处呢？真是让人悲哀。

教化风俗我们可以从具体细微的小事做起，而并非一定要做什么惊天动地的大事，以此来显示自己。向世人宣说善恶之理，劝勉他们多做好事，这也是我们行善的一种方式。这种教化的风气一旦形成，便能更好地创建社会的和谐与世人间友好的关系。

## 九十二、发达需努力 福寿靠积德

【原文】

发达虽命定，亦由肯做功夫；

福寿虽天生，还是多积阴德。

【译文】

一个人的飞黄腾达，虽然是命中注定的，但还是由他个人努力所决定的；一个人的福分寿命，虽然生有天定，但也需要他多做善事积下阴德。

宁做命运的主人，不做命运的仆人。决定成功的因素不在命运，而是我们自身的努力。所以我们不能听天由命，而是主动与命运抗争，做一个勤奋探索的人，只有具备了这样的素质，我们才能通过敏锐的眼光，捕捉并把握住机会，从而取得成功。那些总说没有机会或是等待机会的人，其实是怯弱和懒怠的借口，因为他们没有把握住成功的机会，便想借此掩盖自己的无能。不要忘了：上天总是把机会留给那些有准备的人。

一个人的福分与寿命并非是天生的，主要还靠我们去爱惜自己的生命。如果生活中染上了吸烟喝酒等诸多不良嗜好，那对我们的身体又有什么好处呢？如果平日多行不义之事，为非作歹的话，那终究是难逃法网，遭到应得的报应的，又何谈"福寿"两字呢？幸福生活是要靠自己创造的，健康长寿是要靠自己修养的。

## 九十三、百善孝当先 万恶淫为首

【原文】

常存仁孝心，则天下凡不可为者皆不忍为，所以孝居百行之先；

一起邪恶念，则生平极不欲为者皆不难为，所以淫是万恶之首。

【译文】

心中存有仁爱孝敬之心，那么天下任何不正当的行为，都不会忍心去做，所以说孝是一切行为中首先应当做到的；心中一旦存有淫恶的念头，那么平常不愿做的事，也很容易做出来，所以说淫是一切罪恶行径的开始。

【评析】

百善孝为先，论心不论迹，论迹贫家无孝子；万恶淫为首，论迹不论心，论心自古少完人。

孝是善行之端，是一切行为的根本。有孝敬之心的人，从孝顺自己的父母开始，推己及人，做任何事情都不会有辱父母的教诲，而是时刻把为父母争得光彩作为自己处世为人的行动指南。所以说孝开启了善行之端，是我们每个人都不可缺少的做人准则。如果单凭行动来评定一个人是否有孝心，就会忽略了贫家儿女，所以说有孝心才是行孝的基础。

所谓"色"字头上一把刀，如果一个人起了淫邪之念，什么坏事都做得出来，所以我们平日一定要做到洁身自好，不可有半点的纵情。如果为欲所纵的话，必然走向邪路，陷入泥潭而不能自拔。如果以心中所想为标准去判定一个人是否有淫邪之念，那世界上就没有完美的人了，关键还是要检点自己的日常行为，不为情欲所动。

## 九十四、自奉减几分 处世退一步

【原文】

自奉必减几分方好，处世能退一步为高。

【译文】

对待自己，减少几分安逸的享受，是明智的做法；为人处世，能够退一步着想，便是高明的行为。

【评析】

勤俭自持是传统美德，如果过分追求丰富的物质生活，就容易养成铺张浪费的恶习，结果只会毁了自己。只有那些真正懂得生活的人，才不会过分看重物质上的享受，而是更注重追求精神上的快乐，把注意力放在自我人格的完善和心灵世界的充实上来。

忍一时风平浪静，退一步海阔天空。与人相处，只有谦和礼让，淡泊名利，才会赢得友谊，增进团结，继而取得事业上的成功之果。如果为了一些鸡毛蒜皮的小事就斤斤计较或是争强好胜的话，那只会让我们的心胸变得越来越狭窄，而且还会失去他人的支持与帮助，使自己陷入孤立无援的境地。从表面看忍让好像是我们吃了亏，其实不然，忍耐只是暂时的放弃，是静待时机，而后抓住有利时机再重整旗鼓，就好似棋局中"失一卒而胜全局"的战略。

# 九十五、守分安贫 持盈保泰

守分安贫，何等清闲，而好事者偏自寻烦恼；

持盈保泰，总须忍让，而恃强者乃自取灭亡。

【译文】

能持守本分又安贫乐道，这是多么清闲自在的境界呀，而好生事端的人却偏偏自寻烦恼；在事业昌盛时要保持平和安静的心态，注意忍让，如果恃强凌弱，就等于自取灭亡。

【评析】

为了金钱而疲于奔命，甚至不惜以生命代价来换取，这真的是太可悲了。因为欲望本来就是一个难以满足的恶魔，我们怎能与它相斗呢？只有保持与世无争、清静无为的心境，我们才能获得人生中的无尽快乐，才会体得生活中的美好情趣。人生是一块拼图，金钱只是其中的一块，少了它固然不完美，但它又绝对不能代表我们人生的全部。亲情、事业、友谊等都是它无法代替的，只有我们拼好所有的拼图，才会让人生变得完美。

身处太平盛世，不能依仗财富就为所欲为，骄横跋扈，显出不可一世的样子。如果纵横乡里，搞的天愤人怨，终要遭受报应，从

110

而导致家道败落。只有多行善事，始终保持一种居安思危的忧患意识，我们才能更为长久地拥有幸福的生活。

## 九十六、境遇无常须自立 光阴易逝早成器

【原文】

人生境遇无常，须自谋吃饭之本领；

人生光阴易逝，要早定成器之日期。

【译文】

人生的环境与遭遇是难以预料的，自己必须拥有一技之长来养活自己；人生的光阴容易流逝，所以要给自己定下成就事业的期限。

【评析】

在人生的道路上，我们虽然不能预测环境和遭遇的变化，但可以提前一步为自己做打算，比如先通过勤奋地学习来掌握一项谋生的技能，即使在以后的生活中遇到了困难，我们也能依靠自己的能力渡过难关。只有做到未雨绸缪，以不变应万变，我们才不会被时代淘汰，一直走在潮流的最前沿。早做打算，为自己的未来开拓一条道路，这是我们生活的底线，虽然并不能保证你成功，但绝对不会让你失败。

浪费时间就等于慢性自杀。时间是短暂的，生命是宝贵的，如

何利用时间是人生的一大课题。最好的方法就是及早立志，从而争取早日成为社会有用的人才，而不要虚度年华，把时间都浪费在无所事事中，以免到老又空悲叹，埋怨岁月的无情。要想好好利用时间，在生活中我们要学会同时间赛跑，而且应该尽力赶到它的前面，如果做不到，也要同它齐头并进，但绝对不能落在后面，否则就会失败。

## 九十七、川学海而至海 莠似苗而非苗

**【原文】**

川学海而至海，故谋道者不可有止心；

莠非苗而似苗。故穷理者不可无真见。

**【译文】**

河川学习大海的兼容并包，最终能汇流入海，所以讲求学问的人不应该停止不前；野草不是禾苗却长得极像禾苗，所以探究事理的人不能不辨真伪，而被表象所惑。

**【评析】**

追求知识、完善自我，不可妄自尊大，停止不前，因为学习是没有止境的，我们应该抱有活到老、学到老的雄心壮志。那些取得一点成就便沾沾自喜的人，早晚免不了被淘汰的命运。而只有那些

不知疲倦地追求卓越的人，才会在社会的变迁中站稳脚跟，他们完善自我的精神就是成功的基础。

画龙画虎难画骨，知人知面不知心。我们身边的许多事情都是变化多端，甚至真假难辨的，所以我们要有一双辨别善恶与虚实的眼睛，不要被一些表面现象所蒙蔽。我们平时只有保持清醒的头脑和洞察事理的卓见，从而去获取事物的本质与规律，才可避免因行事失宜而造成的误会。

## 九十八、守身必谨严 养心须淡泊

【原文】

守身必谨严，凡足以戕吾身者宜戒之；

养心须淡泊，凡足以累吾心者勿为也。

【译文】

保持节操必须谨慎严格，凡是能够损害自己操守的行为，都该戒掉；要以淡泊宁静的境界涵养自己的心胸，凡是那些拖累我们身心的事都不要去做。

【评析】

要想洁身自好，就得先净其心，抛弃一切外物的诱惑。只有在心地清静的环境下我们才能更好地反省自己的行为得失，戒除生活中损人利己、骄奢淫逸等损害节操的陋习，我们才能在品德修养方面更上一层楼。检点自己的身心后，本着"有则改之，无则加勉"的态度去完善自身，这样才能赢得理解与尊重，才能真正得到修身养性后的快乐情趣。

"宁静以致远，淡泊以明志。"欲得淡泊之心，必要抛弃欲望而生的烦恼，放弃不现实的理想，改变自己不合时势的性情，比如血气方刚的冲动、争强好胜的攀比、荣华富贵的追求等，这些都应该是我们所要摒弃的。淡泊需要我们学会舍弃，要有放得下的精神。淡泊后所走出的路，必能让我们心随所愿，神清气爽。

# 九十九、有德不在有位 能行不在能言

【原文】

　　人之足传，在有德，不在有位；
　　世所相信，在能行，不在能言。

【译文】

　　一个值得称道的人，在于他有高尚的德行，而不在于有多高的地位；世人所相信的人，主要看的是他行动的好坏，而不是看他是否能说会道。

【评析】

　　崇高的地位和权势固然令人向往，但却是虚无缥缈的，今天得到了，明天可能又会失去。所以德高望重的人大多看淡了这些。如果有权势和地位却不能给人带来福音，甚至做出缺德之事，那即使有再高的地位也不能得到别人的尊重。相反，如果没有地位，却能实实在在地做人，多行善举，照样可以赢得世人的尊敬和爱戴。

　　话说得委婉好听固然让人喜欢，如果经常说一些虚伪的奉承话，就会招来别人的厌恶了。现实生活中有一些人只会耍嘴皮子，说起话来振振有词，但做起事来，没有策略，时间长了，必然失去人心。想让别人相信你，唯一的办法就是拿出自己的真实本领来，因为人看重的是一个人的真实成绩，而不是漂亮的言语表白。


# 一百、称誉易无怨难　田产不如恒业

【原文】

　　与其使乡党有誉言，不如令乡党无怨言；
　　与其为子孙谋产业，不如教子孙习恒业。


【译文】

　　与其刻意追求乡邻们的赞扬，不如谨守自己的德行，让乡邻们毫无怨言；与其替子孙谋求财富产业，不如让他们学习谋生的本事。

评价一个人时，要客观而公正。想得到别人的好评，就应该对自己的道德品行进行严格的要求，时常反省。一辈子多做好事，不做坏事，从而善修身心，自然会赢得乡邻的称赞。如果只是处心积虑地求得好名声，甚至做些有违道德常理之事，即使获得美名也不会长久的，不但终究有一天会失去，还会让我们留下诸多骂名。

如若子孙懒惰无能，缺德少才，纵有万贯家财、千顷田产，也会坐吃山空的。最好的教育之法便是让子孙学得一技之长，掌握长久谋生的本领，才能使他们在生活的道路上获得生存的权力，步入人生的坦途。教子孙做什么，为子孙留什么，都应该是每位家长谨慎而为的事，这不仅关系到子孙的前程，还体现着家长的德行。

## 一百〇一、多记先贤格言 闲看他人行事

【原文】

多记先正格言，胸中方有主宰；

闲看他人行事，眼前即是规箴。

【译文】

多多记取圣贤之士所产的警世格言，胸中才会有正确的主见；旁观他人做事的得失，便可作为自己做事的借鉴。

【评析】

　　古为今用，取古训的精华之处对我们后人有着诸多帮助。先人的良训是我们为人处世的准则。有许多格言因为其内涵广、容量大、便于记忆等特点而广泛传诵，其影响也十分深远，既能增加后人辨别是非的能力，也可为成事立业提供有益的帮助。在继承古人的优秀成果时，后人也应该注意明辨是非，不能不经鉴别便加以应用。只有去伪存真，才能真正丰富自己，提高为人处世的能力。

　　世上的许多事物光凭眼睛是无法认识其本质的，如果只是囫囵吞枣地求学问、做事情，是无法得到真知的。所以还必须运用自己的大脑去分析判断，或是从先人成败得失的例子中吸取教训与积累经验。天下凡成功之人，不但善于总结成功的经验，同时也注重吸取失败的教训。成功的经验给他们指明了前进的方向，失败的教训为他们注入了前进的动力，两者结合，让人变得更加完善。


## 一百〇二、身为重臣而精勤　面临大敌犹弈棋

【原文】

　　陶侃运甓官斋，其精勤可企而及也；
　　谢安围棋别墅，其镇定非学而能也。

【译文】

　　晋代的名臣陶侃，闲暇之时运砖修习勤劳，这种精勤的态度是

我们能够做到的。晋代的名将谢安，面临大敌，依然能够从容不迫地下棋，这种镇定的功夫，就不是我们能学得来了。

【评析】

陶侃、谢安都是晋代人。陶侃任刺史时，把一百块砖运到屋内，以锻炼自己的勤奋。谢安在下棋时得到淝水之战胜利的捷报，仍不动声色。这两个典故都反映了他们学识修养的高深与为官处世的定力。如果我们肯下功夫去学，一样可以达到他们的境界。

水不流动，就会腐朽。对事物来说，不去改革，不去创新，就会被社会淘汰；对于人来说，不去精益求精，不去追求卓越，就会掉队落伍，甚至导致失败。学如逆水行舟，不进则退，只有严格要求自我，以求精进不息，方可在复杂多变的环境中经得起更大的打击。具有如此性情之人便可不断改造、完善自己，便可在生活中、事业上进退自如，通行无碍。

## 一百〇三、有济人之心 无争强之意

【原文】

但患我不肯济人，休患我不能济人；
须使人不忍欺我，勿使人不敢欺我。

　　只怕自己不肯帮助他人，不怕自己没有能力帮助人；应该使他人不忍心欺负我，而不使他人畏惧而不敢欺负我。

【评析】

　　做好事、行善举贵在有一心。如果真的有心救助他人，就不要怕自己能力不够，因为没有一个人是毫无能力的。只要有心，任何事情都可以尽自己的一份薄力。如果说没有能力去做，那是没有助人之心罢了。就如同答应别人的事一样，只要尽力去兑现自己的诺言就可以了，即使做不到也不必有什么愧对之感，更不会留个失信于人的名声，因为你已经尽力了，也就问心无愧了。

　　通过自己的地位或权势去让别人俯首称臣，不如多行仁义之事，以自己的美德来感化我们身边的人，让他们真心实意、心服口服地称赞我们。因为强权下的征服多是口服心不服，如果逼之过急还可能会引起反抗，甚至适得其反。

# 一百〇四、能读书即有福 教子弟即创家

【原文】

　　何谓享福之人，能读书者便是；
　　何谓创家之人，能教子者便是。

什么叫享福的人？能够读书并能从读书中得到快乐的人就是；什么叫善于创立家业的人？能够教导子孙的人便是。


【评析】

书山有路勤为径，只有经常到书山中游览观赏，才能获得浩瀚如海的知识，才能丰富我们的精神生活，古代圣贤之士多以读书为乐，因为书是人生活的重要组成部分，是推动人全面发展的必要条件。书籍是我们的精神食粮，生活中没有它，就好像失去了光明；智慧中没有它，就好像失去了动力。快乐与幸福本是一种心灵的感受，但书却可以将我们成功引入这种高尚的心灵境界。

现代社会生活条件好了，但许多孩子只是沉浸在物质享受中，而在精神生活中却显得极度空虚，原因就是由于家长过分的宠爱与娇惯，忽视了对孩子品德和才能的培养，而使他们染上了许多不良的习惯，这对孩子的成长造成了不良影响。家长最根本的还是要教导孩子如何做人、怎样通过他们自己的能力在未来的社会中站稳脚跟，这才是最实际的教子之方。


# 一百〇五、教子勿溺爱 子堕莫弃绝

【原文】

子弟天性未漓，教易行也，则体孔子之言以劳之，勿溺爱以长其自肆之心。

子弟习气已坏，教难行也，则守孟子之言以养之，勿轻弃以绝其自新之路。

## 【译文】

当子弟的天性还没有受到污染之时，教导比较容易，应该按照孔子所说的"爱之能勿劳乎"去教导他，不要过分宠爱，以免助长其放纵之心。当子弟已养成了坏的习气，教导就很困难了，此时应以孟子"中也养不中，才也养不才"的方式教导他，而不要轻易抛弃，使之失去改过自新的机会。

## 【评析】

"人之初，性本善；性相近，习相远。"由此可知，人的天性原本没有什么本质上的差别，人与人的不同，大都是由于后天学习的方法或是生活的环境不同造成的。家长教育子女，要从小抓起，不能因为孩子的年幼无知，就对他们所犯的错误纵容包庇。

如果孩子在后天环境中真染上了骄横傲慢等不良习惯，父母也不能放弃管束或是置之不理，不给孩子悔过自新的机会。我们应该先以宽容的心态去接受孩子的错误，而后再想办法使之认识到自己不对的地方，最后动之以情、晓之以理，慢慢教化。

## 一百〇六、专一可立功 偏见易败事

**【原文】**

忠实而无才，尚可立功，心志专一也；

忠实而无识，必至偾事，意见多偏也。

**【译文】**

如果一个人忠厚诚实，但才能一般的话，仍有可能建立功业，因为只要用心专一就可以了；如果一个人忠厚诚实但缺少见识，必然会产生偏见，将事情办糟。

**【评析】**

一个人虽然没有多大的本领和才干，但只要凭自己的忠诚去专心做事，还是可以取得一定的成就的。就如龟兔赛跑这个故事一样，虽然乌龟没有任何的优势，但它依然能够取得胜利，不正是靠着一股锲而不舍的精神吗？只有专注，你才能把所有的精力和智力在一个时间里完全集中到要做的事情上，这样做不但可以弥补你的不足，甚至还能让你超水平发挥自己的能力。

如果一个人空有忠诚，但没有学识和胆量，做事分析不清形势，判断不出好坏，没有正确的奋斗方向，即使付出再多的努力也不会达到理想的效果，甚至会把事情办得越来越糟。所以说做事单凭忠实是不够的，还必须要有不怕困难、勇往直前的胆识，高瞻远瞩、审时度势的见识，以及明辨是非、真知灼见的眼光，才能有所作为。

## 一百〇七、不忘艰难之境 不存侥幸之心

【原文】

　　人虽无艰难之时，却不可忘艰难之境；世虽有侥幸之事，断不可存侥幸之心。

【译文】

　　人即使处在顺境之中，也不能够忘记人生之路上还有许多逆境；世上虽然有许多意外的惊喜之事，但做事却不可有侥幸心理。

【评析】

　　人无远虑，必有近忧。当在顺境中成长时，我们切不可穷奢极欲，无所事事，同时也应该想到逆境中的困难，以提醒我们在日常行事时要更加小心谨慎，避免因为一帆风顺而使自己得意忘形。逆境也是我们成长必不可少的一个环节，为了摆脱贫困的逆境而奋斗，这种努力最能造就人，因为战胜逆境的过程也是我们消除恐惧、建立信心的过程，还可以锻炼我们的身心和意志。

　　世上确实有侥幸之事，但如果因一次意外之喜便永存侥幸的心理，则必然会误己误事，不但一事无成，还会落个被人耻笑的下场，就像《守株待兔》中的愚夫一样，荒芜了田地，没有任何的收获。

所以做事不能想着不劳而获，最切实的方法还是要脚踏实地。只有行动起来，去品味劳动的快乐，我们才会杜绝侥幸心理的出现。


## 一百〇八、心静则明 品超斯远

【原文】

心静则明，水止乃能照物；品超斯远，云飞而不碍空。

【译文】

内心清净就自然明澈，如同平静的水面能倒映事物一样；品格高超便能远离物欲，就像白云飘动的天空般能一览无余。

【评析】

佛家认为心是快乐之本，欲得快乐必要清除自己的私心杂念，才能回归真我的本性。也就是说去掉外在的攀缘与追逐，解脱妄念、烦恼的束缚，安于自然平易的生活，在平常的生活中去体悟人生的真谛。因为平常是生命的本源，平常心是生活的智慧。

如果心灵能够做到了无牵挂，不为外界的任何事物所侵扰，我们就可以看清世事的本相，而不再有执着与妄想；如果我们能够放下心中情欲、财富的牵累，抛弃功名利禄，就能使本心归于清静，得以修身养性、正己正人。海阔凭鱼跃，天高任鸟飞。一个品格高尚的人，内心由于不再有红尘纷繁事物的拖累，就像天空的白云一样，不受人间牵绊，不为天空羁留，他们才活得洒脱自在，活得幸福快乐，活得坦然精彩。


# 一百〇九、贫乃顺境 俭即丰年

## 【原文】

清贫乃读书人顺境；节俭即种田人丰年。

## 【译文】

对于读书人来说，清贫的生活便是顺利的境界；对于种田人来说，节俭的日子就是丰收的年景。

## 【评析】

清贫对我们来说，不应仅是一种苦难，更应该是一种磨炼。它让人超越横逆穷困，立下雄心壮志，从而激励我们在人生道路上奋勇向前，取得一个接一个的丰硕成果。因此对我们来说，贫穷更多的时候是一种帮助，它让我们变得日益强大，更好地生活于天地间。

静以修身，俭以养德。节俭是一种美德，更是君子修身养性的良方，也是齐家、治国、平天下的基础。即使在丰收的好年景中，我们也不能有丝毫挥霍浪费之心，而必须有长久的打算，以保证日后遇到困难时也能渡过难关。节俭度日是生存的需要，是致富的基础，如果平常节约，有粮常思无粮时，即使在荒年也可衣食无忧了。

# 一百一十、常有正直心 莫有浮华志

## 【原文】

正而过则迂，直而过则拙，故迂拙之人犹不失为正直；高或入于虚，华或入于浮，而虚浮之士究难指为高华。

## 【译文】

为人过于刚正就会显得不通世故，过于直率就会显得有些笨拙，但都不失为正直之人；理想太高有时会成为空想，过于华美有时会变得浮躁，故此类人难有高明的才华。

## 【评析】

正直的人有很多种表现形式，有的显得迂腐呆板，给人一种不懂得灵活变通、没有人情味的感觉；有的昂扬向上，给人一种高高在上、难以接近的感觉，但不管属于哪一种，他们都没有失去正直的本心，是坚持真理、有个人主见的人。尽管这些人的外在表现并不能得到所有人的认可，但他们踏实勤勉面对现实的态度却是值得我们每一个人去学习的。

有些人自以为是、好高骛远，没有脚踏实地的作风；有些人急功近利、贪恋华美，没有一丝求真务实的精神，这些空虚浮躁之辈，由于徒有虚名和美丽的外衣，但无真才实学，最终也只能一事无成，

126

没有任何真正的收获。生活中那些埋头苦干、朴实无华的人，却往往会在他人忽视的情况下做出一番惊天动地的伟业来。


## 一百一十一、异端为背乎经常 邪说乃涉于虚诞

【原文】

人知佛老为异端，不知凡背乎经常者，皆异端也；

人知杨墨为邪说，不知凡涉于虚诞者，皆邪说也。


【译文】

有人认为佛教和老子的学说为异端，但不知凡是与常理不合者都是异端；有人认为杨朱和墨翟的学说是旁门左道，却不知凡荒唐虚妄的言论都可是邪说。


【评析】

在中国两千多年的封建社会中，基本上是儒家学说居于统治地位，虽然在春秋战国时期也出现过"百家争鸣"的局面，但大多是昙花一现后便归入平静。像道家、法家这些学派的言行在当时都被称为旁门邪道的异端或邪说。其实，其他学派的思想也有很多是值得我们去借鉴或肯定的，比如墨子的"兼爱、非攻"等观点，都对当时的文化发展起到了一定的积极作用。

当然，从现代社会来说，一些荒谬的言论，不科学、不正当的

议论都可以说是邪说。只有那些先进的、科学的、符合逻辑的观点，才算得上名正言顺，才是我们需要掌握的有力思想武器。

## 一百一十二、亡羊尚可补牢 羡鱼何如结网

【原文】

图功未晚，亡羊尚可补牢；浮慕无成，羡鱼何如结网。

【译文】

想要有所作为，任何时候都不算晚，就算羊跑掉了，只要及时修补羊圈就不算迟；与其临渊羡鱼，一无所得，不如尽快退而结网。

【评析】

只要有把事情做好的决心和毅力，时间晚一些也是来得及的。能及时醒悟的人，哪怕很晚入道，但他能一心一意、不怕困难地坚持下去，也总会有成功的那一天。与其感叹大好时光的流逝，不如及时悬崖勒马，以自己的努力去弥补曾经的损失。

面对事情只是空想，拿不出实际行动来，那是一辈子也办不好的。看到别人有所成就，自己便羡慕不已，也是徒劳。如果你在春天没有播下种子，又何来秋天的收获呢？只有我们把想法付诸行动，才能梦想成真，所以说与其临渊羡鱼，不如退而结网。

## 一百一十三、道本足于身 境难足于心

【原文】

道本足于身，切实求来，则常若不足矣；

境难足于心，尽行放下，则未有不足矣。

【译文】

真理原本就存在于我们的本性之中，如果脚踏实地去追求，就常常感到不足；外在的事物很难满足我们的欲望，如果能全然放下，也就不会觉得缺乏了。

【评析】

对待事物不要太过苛求，最好的处世之道就是随缘而定，随遇而安。是你的想逃都逃不掉，总会来到的；不是你的，你即使强留也留不住。唯有随遇而安，你才能保持积极向上、健康快乐的心态。过平淡的日子需要保持一颗平常心，这样才可享受到真正属于自己的幸福生活，才能使自己所追求的事业长盛不衰。

现实生活中的一些人为了得到钱财名利，便不择手段地追求，甚至丢掉自己的良知也不顾惜，结果害人害己不说，有时连自己的性命都保不住。欲望本身就是无法得以满足的，所以即使得到再多也是徒劳，只有把眼前的得失看透，我们才能拿得起、放得下，让

心情变得轻松，让生活充满快乐。


# 一百一十四、读书下苦功 为人留福庆

【原文】

读书不下苦功，妄想显荣，岂有此理？

为人全无好处，欲邀福庆，从何得来？


【译文】

读书不下苦功夫，却想着荣华富贵，天下哪有这样的道理？对人没有一点好处，却妄想得到福分与吉庆，那又从何而来呢？


【评析】

读书总要有个目的，为光宗耀祖或是立业报国都说得过去，如果为获得知识后用投机取巧、坑蒙拐骗的手段谋取钱财富贵的话，那就要被世人唾弃了。这样的人即使得到了财富也不会长久的，因为他们手里虽握有知识这把最锋利的匕首，但却用它指向了自己的心口。所以这样的人终将会倾家荡产、大祸临头的。

自己不曾行善积德，却妄想上天把福分降临到自己头上，这无异于癞蛤蟆想吃天鹅肉。只有种下善根，以后才会修得善果。通过自己刻苦的努力和顽强的奋斗，多为社会和人民做有益的事情，才能够实现自己的价值。

# 一百一十五、有错即改为君子 有非无忌乃小人

## 【原文】

才觉己有不是，便决意改图，此立志为君子也；

明知人议其非，偏肆行无忌，此甘心为小人也。

## 【译文】

刚觉察到自己有不对的地方，便毫不犹豫地去改正，这就是立志成为一个正人君子的做法；明知有人议论自己的缺点，却仍是一意孤行地为所欲为，这便是自甘堕落的小人。

## 【评析】

知错能改，善莫大焉。圣贤之人还有犯错误的时候，就更不要说我们这些平凡的人了。谁能没有过错呢？有了过错能够及时改正，就没有比这更好的事了，这才是君子的真正风度，这样才算是一个具有高尚品格和节操的人。如果犯了错不但不思悔改，还一味地纵容包庇，那就好像在自己身上安装了一个定时炸弹，到时必定会害了自己。世上这样的人不在少数，不但拒不承认自身存在的缺陷，还固执己见，一意孤行，哪里还谈得上有君子之风呢？由于不能吸取错误带来的教训，便使小错变大错，重蹈覆辙，讳疾忌医的最终下场只能是死路一条，到时想悔改都来不及了。

完善自身的过程其实就是一个不断改正错误的过程，有错不改，就会使小错变大错，自己就会逐步倒退，直到退出历史舞台。

## 一百一十六、交友淡如水 寿在静中存

【原文】

淡中交耐久，静里寿延长。

【译文】

在平淡中结交的朋友往往能够使友谊天长地久；在平静中生活却能使寿命延长。

【评析】

"君子之交淡如水，小人之交甘若醴。"真正的朋友是志同道合，但又平淡如水，而不像饭桌上的酒肉朋友，表面称兄道弟，背地里相互诽谤。朋友之间有一点距离才显得美好，就像"朋"字一样，距离太近了，便成了"用"字，那就失去了朋友的意义。

淡中交往，应取一个"志"字和"净"字。志趣相投，或以志同而交，或以趣和而往；或诗文唱和，或相濡以沫，貌似相忘江湖，实则心心相容，即所谓的"神交"。与人相交，就应突出一个"净"字，心底纯净，无私无欲，不以相交为饵，这就是俞伯牙、钟子期的高山流水之交。同时，淡中还需要"真"字，淡中存真，方是真

淡。静可修身，俭才养德。淡泊名利，保持一颗心平气和的心态，便能让我们求得内心的安宁愉快，获得生活的悠闲自得，这不仅可以养心修身，还有延年益寿的功效，从而达到无所为而无所不能为的逍遥境界。

## 一百一十七、深思而熟虑 委曲能求全

### 【原文】

凡遇事物突来，必熟思审外，恐贻后悔；

不幸家庭衅起，须忍让曲全，勿失旧欢。

### 【译文】

遇到突来的事情，一定要周全详尽地思考，以免处理不当而后悔；如果家人中有了纠纷，一定要以忍让之心委曲求全，从而不失去曾经的和睦与快乐。

### 【评析】

遇变不惊，才能从容自若，才能控制自己的情绪或事情的局势。如果一个人的阅历和临变的能力不够，遇事便慌了手脚，鲁莽行事，或是畏手畏脚，不知该何去何从，那定会把事情变得更糟糕。只有临危不惧，冷静观察，沉着应对，经过一番深思熟虑之后，我们才能找到解决事情的突破口，从而使问题迎刃而解。

家家都有一本难念的经。如果家人有了分歧与争吵，我们又该如何面对呢？首先我们要做到忍耐，甚至容忍和接受家庭成员无关紧要的一些缺点和毛病，这有时也是非常有必要的，然后再通过耐心的劝解与教导来互相理解与宽容，才能保持家庭的和睦与安宁。如果遇有矛盾就任性而为，遇到争吵便大发雷霆，这无异于火上浇油，只会使事态进一步扩大化，又怎能维系家庭的团结与和睦呢？

## 一百一十八、聪明勿外散 脑体要兼营

【原文】

聪明勿使外散，古人有纩以塞耳，帽以蔽目者矣；

耕读何妨兼营，古人有出而负耒，入而横经者矣。

【译文】

聪明的人不要过于外露，古代就有用丝棉塞耳、帽带遮眼，以掩饰聪明的举动；耕田读书可以兼顾，古人曾有白日农耕，日暮读书的行为。

【评析】

聪明的人多是不露声色，保持内敛。如果一个人口若悬河，高谈阔论的话，那他未必就有真才实学，只不过是虚张声势罢了。况且聪明的人易遭到小人的忌妒，所以他们更不会锋芒毕露，而是表

现出一种大智若愚的样子，以免招来不必要的麻烦。

耕种是为了生存，读书是求得长进，两者不但相互无碍，还会相得益彰、相互促进。耕种是实践，读书是理论。只有理论与实践相结合，我们才能不断提高自己认识世界和改造世界的能力，所以我们既不能死学，也不能脱离理论指导。学就要做到学以致用，另外，劳动也要不断有新的理论去指导，以提高劳动效率。

# 一百一十九、天未曾负我 我何以对天

## 【原文】

身不饥寒，天未曾负我；学无长进，我何以对天。

## 【译文】

自身没有受过饥饿寒冷之苦，就是上天没有亏待我；学问没有长进，我有何颜面来对天？

## 【评析】

知足常乐的人，从不会因有非分之想而招来侮辱，更不会埋怨上天有什么不公之处，因为他们知道世间的许多事不可勉强，所以便学会适可而止，或是急流勇退，也因此生活得快乐而坦然。同时他们还怀有一颗感恩的心，时刻想着去帮助他人和奉献社会，从而受到了众人的尊重与爱戴。

学海无涯苦作舟，学习是没有止境的，所以我们求取学问的人一定不要有满足的时候，只有那些好学不厌的人才有可能成为一个真正的智者。如果学有所成后便不思进取，那迟早还要落在他人后面的。只有抱着活到老、学到老的精神，我们才会让自己的学问不断更上一层楼，才会对得起上天给我们的大好学习机会。

## 一百二十、勿与人争 唯求己知

**【原文】**

不与人争得失，唯求己有知能。

**【译文】**

不与他人去争名利上的得失，只求自己能够不断增长智慧与才干。

**【评析】**

许多事情的完成，不能仅看它是否以成功为终点，更重要的是看我们从中获得了哪些智慧和经验，以便为今后的为人处世奠定更坚实的基础，创造更良好的条件。如果单看重成败得失，就容易让我们只注重数字等表面的衡量标准，而忽略了去探求许多事物的内在规律。

真正聪明的人致力于提高自身的能力，而绝对不会只顾眼前的得失。他们时常反省自己，以求不断完善、追求更高的层次，而不像那些没有自知之明的人，取得一点成就便忘乎所以，不知道天外有天、人外有人。由于短浅的目光，就如井底之蛙，注定了一生因平庸而无所作为。

## 一百二十一、为人有主见 做事知权变

**【原文】**

为人循矩度，而不见精神，则登场之傀儡也；

做事守章程，而不知权变，则依样之葫芦也。

**【译文】**

为人只知依着规矩机械做事，则不知精神的实质所在，那就和戏台上受人控制的傀儡一样；如果做事只知按章程办事，而不会灵活把握的话，那就与依着葫芦画瓢相似了。

**【评析】**

规矩的制定是为了让我们在日常生活中能够更好地行事，更好地达到目的。如果做事拘泥于规矩，而不懂得灵活运用，不明白其本意，那就如戏台上的傀儡一般，只能在固定的形式里摆动，没有了生机和活力，就更谈不上创新的可能了。再说，随着外界环境的变化，规矩也免不了有些不合时宜的地方，这时就需要去制定更为

完善的规则，如果还是按照原来的办事，就会受其束缚了。

同样道理，章程不可违背，但它不是死的教条，还需要我们在遵守中变通地掌握，灵活地运用，善于打破常规，见人所不能见，从而寻求更多改革创新的机会。如果墨守成规，照着葫芦画瓢，那无异于画地为牢，最后只能使自己走上绝路，导致一败涂地。

面对生活中的各类章程规则，我们应该学会去如何利用，而不是受它们的拖累。


# 一百二十二、文章是山水化境 富贵乃烟云幻形

## 【原文】

文章是山水化境，富贵乃烟云幻形。

## 【译文】

文章达到出神入化的境界就如山水的美妙景致；富贵的实质就如同缥缈的烟云般虚幻不实。

## 【评析】

就时间而言，文章是不朽的山水。美好的文章，可流传千古，打动世代人们的心灵，成为后人的精神食粮。所以说文章是山水的化境，它们有着相似的景致，文章的隽永优美好比江河的豪迈奔放，文章的华丽充实恰似山川的雄伟壮观。

富贵再长久，百年后还不是烟消云散而去，所以我们是不能拥有永恒的富贵的。既然如此，何必还要刻意用一生的时间去追求功名利禄这些虚无缥缈的东西呢？回头看看我们身边那些功利之心过重的人，整天过着迷惘而又疲惫不堪的生活，有什么快乐可言呢？所以我们不如摆脱迷惘换清醒、放下执着换轻松，在平平淡淡中去享受真正的生活情趣。

## 一百二十三、察伦常留心细微 化乡风道义为本

【原文】

郭林宗为人伦之鉴，多在细微处留心；
王彦方化乡里之风，是从德义中立脚。

【译文】

郭林宗观察伦常之理，往往在细微处留意自己的言行；王彦方教化乡里的风气，是以道德和正义为根本的。

【评析】

汉代人郭林宗以善察伦理之道而闻名。他教育学生做人应该首先明白伦理道德，做事需要从细微之处留心。世间许多事都是在细微处显露其精神的，评判一个人，就应该观察其生活中的点点滴滴，只有全面地分析，才能确切地了解他的思想境界和品德的高低，从

而能让用人者更好地知人善任。如果单凭某一方面就武断地下结论，就容易导致小材大用，甚至让一些无真才实学的人担负重任。

汉人王彦方平时以德行感化乡里，左邻右舍凡有争议之事都来向他请教。可见真正的正人君子应以德义为本，不用多言语便可树立自己的威信，感化乡里之人。正人心、淳厚民，不仅可以为自己赢得一世美名，还可为社会做出有益的贡献，所以说靠德义立身处世是每个人所不可缺少的品行。

## 一百二十四、不行欺诈 不享安闲

【原文】

天下无憨人，岂可妄行欺诈；

世人皆苦人，何能独享安闲。

【译文】

天下没有真正愚笨的人，哪能任意去做欺侮诈骗他人的事呢？世上的人都在吃苦，怎么能独自去享受安逸闲适的生活呢？

【评析】

有人爱在人前耍小聪明，结果是聪明反被聪明误，搬起石头砸了自己的脚，只能怪他们自作自受。其原因就是世上没有真正愚笨的人。虽然有些人的奸计也曾一时得逞，但那些上当的人在"吃一堑，长一智"后，便不会再给他们以可乘之机，所以行骗之人最终的结果只能是落入法网，而受骗的人却在受骗中获得了更多的智慧，变得越来越聪明。

人人都经历过艰难困苦的事情，其中所品尝到的酸涩与痛苦我们可能一生都不会忘却。在生活中当我们看到身边的人受苦，而自己却独享幸福时，我们能忍心看着这些人遭受苦难的煎熬吗？世间人应以慈悲为怀，伸出我们的援助之手去帮助那些贫苦的人。只要人人都肯献出自己的一点爱来，世界就会在我们面前展现出美好的姿态。


## 一百二十五、忍让非懦弱　自大终糊涂

【原文】

甘受人欺，定非懦弱；自谓予智，终是糊涂。

【译文】

甘愿受人欺侮的人，一定不是懦弱之辈；自以为聪明者，终究是个糊涂人。

【评析】

意志的顽强与忍耐能迸发出让人难以想象的力量。水可以说是纤细柔弱的，但经历时间长了却可以做到水滴石穿，这是柔弱者坚

持不懈的结果。韩信曾受胯下之辱，却在后来成了汉朝的开国功臣，这是忍者无敌的表现。由此可见，能忍别人之所不能忍的欺辱、能受别人之所不能受的打击之人，定不是泛泛之辈。相反，很可能是成大器、做大事的人。

太过自信的人以为自己很聪明，其实他们本身的自以为是就是很明显的缺点。这类人不知道自己的缺陷，却常想着挑别人的毛病，喜欢拿自己的优势与别人的短处作比较，然后沾沾自喜。这样的人是多么无知呀，结果被人耻笑反倒不说，还落个糊涂蛋的骂名。自信固然不可缺少，可是如果自信过了头，就到了出问题的时候了。


## 一百二十六、功德文章传后世 史官记载忠与奸

【原文】

漫夸富贵显荣，功德文章要可传诸后世；

任教声名煊赫，人品心术不能瞒过史官。

【译文】

不能只知夸耀财富与地位，也应该有流传于后世的功业与文章；不管声名如何盛大显赫，个人的品行与为人也无法欺骗史官的眼睛。

【评析】

金玉满堂、荣华富贵，只能荣耀一时，因为花无百日红，财难

积一生。钱财富贵都是生不带来、死不带去的东西，身死万事皆空。但是有功德的文章却可以流芳百世、名传千古，不仅可以功显当代，而且还可以恩泽后世。两者孰轻孰重，我们应分得清楚。

历史是一面镜子，我们的所作所为都逃不过历史的眼睛。一生多行善事，便可彪炳史册；如果为非作歹、恶行累累的话，便是遗臭万年。何去何从，我们每个人心里都该有个慎重的选择。


## 一百二十七、闭目养心 口合防祸

【原文】

神传于目，而目则有胞，闭之可以养神也；

祸出于口，而口则有唇，阖之可以防祸也。


【译文】

人的精神往往由眼睛传出，而眼睛则有上下眼皮，闭合之后才可以养精蓄锐；祸从口出，嘴巴则有上下嘴唇，闭起来才可以防止说话招惹的祸端。


【评析】

欲想闭目，必先净心。有意识地躲避灯红酒绿、酒色财气，想通过眼不见来求得心静是不可能做到的。只有心无所想，才能一身清静。这就需要我们时时以高洁的道德、有益的范例去矫正自己的言行，提高个人的修养，做到既目不视污，又可强化内省自修。如此一来，我们即可做功德文章，又可名传千秋。

俗话说病从口入，祸从口出。这句话提醒我们，对事理没有弄明白之前，不要妄下结论，否则我们就会很容易招惹祸端，引来一些不必要的麻烦。只有洞察事理，思虑周全，我们才能够进善言、行善事，树立自己的威信。


## 一百二十八、富贵人家多败子 贫穷子弟多成才

【原文】

富家惯习骄奢，最难教子；

寒士欲谋生活，还是读书。


【译文】

有钱人家习惯于奢侈浮华，教导子弟比较困难；贫穷人家想要谋得生路，还是要走读书这条路。


【评析】

富家子弟不知创业的艰辛，容易养成骄奢的生活恶习，意志比较薄弱，学习不思进取，很难成为栋梁之材。而其父母由于一心沉湎于对金钱的追逐，缺少对孩子的管教，从而助长了他们的恶习进一步地发展，最终很可能就走到家业败落的地步。这不能不引起我

们现代人的深思。

万般皆下品，唯有读书高。古代读书人之所以多贫穷，就是因为他们只知一心读书，没有任何其他杂念，更不会有妄求非分之财。虽然他们身穷，但精神却是充实的，因为读书增添了他们的智慧，升华了他们的思想，从而使他们生活得更加充实、更加快乐。


## 一百二十九、苟且不能振 庸俗不可医

【原文】

人犯一苟字，便不能振；人犯一俗字，便不可医。


【译文】

一个人犯了随意的毛病，就不能振作起来；一个人要是趋于庸俗，便无药可救了。


【评析】

做事不能有散漫之心，如果马马虎虎，不能够集中精力去行事，便会逐渐丧失斗志，从而对生活得过且过，抱着听天由命的心态，甚至苟且偷安，无所事事，所以说这些没有志向、甘于沉沦的人是不能振作起来的。散漫之人缺少进取的精神，确切地说是奋斗的目标，只要有了前进方向的指引，他们便可以找到自信，重振雄风。

精神不是万能的，但没有精神是万万不能的。如果一个人流于

俗气，便会变得平庸无能，失去了精神支撑的生活就会变得索然无味。在生活中此类人大多心胸狭窄，目光短浅，为一些小事便斤斤计较，经常只顾个人利益，整天活得疲惫不堪，所以说他们精神的空虚是无药可医的绝症。

## 一百三十、立大志成大功 不纠错成大祸

【原文】

有不可及之志，必有不可及之功；

有不忍言之心，必有不忍言之祸。

【译文】

一个人要是有他人不能达到的志向，定会建立不同凡响的功业；一个人若有不忍心指出他人错误的想法，定会因这不忍心指正而遭受祸患。

【评析】

有志者事竟成，坚强的意志可以创造奇迹，明确的奋斗方向为我们开拓了道路。所以说志向是一盏灯，为我们指明了前进的方向；志向是一把火，为我们注入了奋斗的动力；志向是一条船，载着我们驶向胜利的彼岸。虽然前进的道路充满曲折，但只要有了志向的领航，我们就能够充满斗志，战胜艰难险阻，去实现自己的理想，

成就一番伟业。

　　对人的缺点、错误应该及时去指正，万不可因怕招来祸端而不敢言语，如知错不改，有错不纠，最终必酿成大祸。错误就如同我们所生的疾病，如果不及时治疗，很可能会发展得更为严重，甚至有生命危险。

立业篇

## 一百三十一、事当难处退一步 功到将成莫放松

【原文】

事当难处之时，只让退一步，便容易处矣；

功到将成之候，若放松一着，便不能成矣。

【译文】

事情遇到了难处，只要能退一步想，便不难处理；事业将到成功时刻，如果一着不慎，便会以失败告终。

【评析】

"六根清净方为道，退步原来是向前。"当我们遇到难以处理的事情时，没有能力就不要勉强，这时不如退一步想，反倒可以避免钻牛角尖，或仓促作决定。冷静地进行思考，没准就能使事态得到缓和，甚至有水到渠成、瓜熟蒂落的好结果。

在关键时刻造成功亏一篑的事情不在少数。有些人看大事将成，便以为胜局已定，于是心生懈怠之意，想休息轻松一下，结果功败垂成，原因就是缺少持之以恒的精神。只有做到善始善终，才可使事情万无一失。所以当事情进展到攻坚阶段时，我们切不可马虎大意，而更应该保持高度警惕，在坚强的毅力和勇气的鼓励下，集中精力、一鼓作气地把它进行到底，只有这样才不会在中途出现差错。

# 一百三十二、无学为贫 无德为孤

【原文】

无财非贫，无学乃为贫；无位非贱，无耻乃为贱；

无年非夭，无述乃为夭；无子非孤，无德乃为孤。

【译文】

没有钱财不算贫穷，没有学问才是真正的贫穷；没有地位不算卑贱，没有羞耻之心才是真正的卑贱。活不长久不算短命，一生没有值得称道的事才算真正的短命；没有子女不能说是孤独，没有德行才是真正的孤独。

【评析】

毫无学识，人格低下，由于心灵的空乏，即使生活在充裕的物质世界里也不会感到满足。人是否有价值、有高尚的道德品质，看的不是他的金钱、地位与名望，而是他的人格、品行和修养，所以说没有财富不能说贫穷，不学无术、胸无点墨的人才是真正的贫穷。

年岁的长短并不重要，主要看其对社会的贡献有多大。如果一生碌碌无为，行尸走肉般地过活，纵活百年，又有何意？哪怕膝下无儿无女，但生活在充实的精神世界里，受到别人的敬重与爱戴，我们依然会觉得活得很快乐、很幸福。

# 一百三十三、知过能改 抑恶扬善

【原文】

　　知过能改，便是圣人之徒；恶恶太严，终为君子之病。

【译文】

　　知道过错能加以改正，便可说是圣人的弟子；攻击恶人太过严厉，终会成为君子的过失。

【评析】

　　人无完人，金无足赤。世上本没有完美无缺的事物，更何况我们人呢？犯了错误，有了缺点，只要能及时改正，就是有道德的表现，就可以说是圣人的门徒。如果有错不改，怕伤自尊或丢面子的话，那才是真正的无知，其后果必定会因小失大，到时悔之晚矣。

　　对人的过失，要本着"惩前毖后，治病救人"的教育方针，如果对待所有犯错之人都施以严刑，甚至一棍子打死，必定会增其逆反心理，结果事与愿违。我们一定要区别对待恶行，教育方法得当，才能给人以改过自新的机会，才能够使社会走上良性发展的道路。

# 一百三十四、读书立业 孝悌做人

## 【原文】

士必以诗书为性命，人须从孝悌立根基。

## 【译文】

读书人应把诗书看成立身处世的根本，做人必须以孝顺友爱作为基础。

## 【评析】

以读书为命，必明读书之理。读书是为了求知明理，如果只为了走上仕途，当官发财，甚至鱼肉百姓，祸害乡里，那纵有满腹经纶也是遭人唾弃。所以读书理应以报效国家和服务社会为己任，只有这样我们才能体现读书的价值所在，对得起读书人的称谓。

孝是顺事父母，悌是友爱兄弟。能够听从父母教导的人，必定会做到推己及人，而不至于违犯法纪，重恩而不背弃信义；能与兄弟相互友爱，则为人必善相处，重义而不忘本。所以说做人必须从最基本的孝悌做起，从而为自己的为人处世打下坚实的道德基础。

## 一百三十五、得意勿忘形 苦心终有报

**【原文】**

德泽太薄，家有好事，未必是好事，得意者何可自矜；

天道最公，人能苦心，断不负苦心，为善者须当自信。

**【译文】**

如果品德和恩泽太浅薄，家中有好事降临，也未必是真正的幸运，所以春风得意的人不可自高自大；上天是最公平的，人能尽心尽力做事，苦心就不会白费，所以做善事的人要充满自信。

**【评析】**

好事降临，德行之人就当是上天的恩赐，激励自我继续努力向前，而不会有懈怠的心理；浅薄之人却得意忘形，以为自己高人一等，便在人前炫耀卖弄，结果却因享受福分太过，而酿成祸患。由此可见，许多事物都遵循着往返轮回的道理，不会享受福分的人就埋怨命运不济，但如果福分享过了头，那接下来很可能就是灾难。

上天对每个人都是公平的。它让富贵的人精神空乏，却让贫穷的人精神百倍；它让我们不断跌倒，却强劲了我们的身体；它让我们受到伤害，却铸造了我们的坚强；它让我们遭受屈辱，却使我们珍视了自尊……如果你经历了许多磨难，千万不要心生怨恨，因为

那是老天对你的考验，总有一天上天会补偿给你的。

## 一百三十六、自大无长进 自卑无振兴

**【原文】**

把自己太看高了，便不能长进；

把自己太看低了，便不能振兴。

**【译文】**

若将自己估计得太高，便无法取得进步；若将自己估计得太低，便失去了振作的勇气。

**【评析】**

人贵有自知之明。有些人以为自己高明到无人可比的地步，于是便摆出一副盛气凌人、目空一切的架势。实际上这些人看问题往往不能深入思考，面对生活又缺少前进的动力，所以免不了被时代的脚步抛在后面，注定一辈子难成大事，甚至遭到社会的淘汰。

还有一种人采取悲观失望的人生态度，认为自己一无是处，毫无优势可言，所以便自暴自弃、妄自菲薄，从此便萎靡不振，停止不前。其实这些人应该看到自己的优点，了解自己的长处，从而做到扬长避短，才能看到生活中的信心和动力，才能奋发有为。

# 一百三十七、有为之人不轻为 好事之人非晓事

## 【原文】

古今有为之士，皆不轻为之士；

乡党好事之人，必非晓事之人。

## 【译文】

自古以来有作为的人，都不会轻率地行事；乡里的好事之徒，定是些不明事理的人。

## 【评析】

没有把握的事不要贸然行事。我们有很多人由于争强好胜的心理，便轻易答应了别人一些事，或许下了一些诺言，但由于能力有限或是时间紧迫而没能兑现，这不仅会留个不讲信用的名声，还可能会伤害别人的感情，造成难以弥补的损失。所以我们必须经过细致的观察和周密的准备，才可能把一件事情做到位。

一些好事之徒，说话爱夸夸其谈、搬弄是非，做事却是眼高手低、轻浮草率，总是一瓶子不满，半瓶子晃荡。生活不是戏台，那些只有"唱功"没有"做功"的人是难以站稳脚跟的，只有言行相符、知行统一的人才能够成为生活的强者。

## 一百三十八、勿因噎废食 不讳疾忌医

【原文】

偶缘为善受累，遂无意为善，是因噎废食也；

明识有过当规，却讳言有过，是讳疾忌医也。

【译文】

偶尔因做好事而受到连累，就再不做好事了，这好比曾经食物鲠喉，从此不再进食一样；明知有了过错应当纠正，却不想承认，就如同生病怕人知道，而不肯医治相似。

【评析】

如今社会上有一种"做好人难，做坏人易"的不正之风，实在让人匪夷所思。可能是我们平常生活中有因做过好事却受到误解或连累的情况，但若因此便不再行善，那就是我们的不对了。岂不知清者自清、浊者自浊。即使我们受了冤枉，也总有平冤昭雪的时刻，更何况在大多数情况下，我们的善举还是受到社会的赞扬和支持的，又何乐而不为呢？

有病不要乱投医是对的，但如果有病却不肯去投医，讳疾忌医的话，那就对我们没有任何好处了。自己有了错，就要勇于承认，及时改正，千万不要掩盖纵容。错误是我们身上的毒瘤，如果不及

时切除，它就会更加严重，以致危害我们的生命。


## 一百三十九、宾入幕中皆同志 客登座上无佞人

【原文】

宾入幕中，皆沥胆披肝之士；

客登座上，无焦头烂额之人。


【译文】

凡是值得自己信任而入府中相商的人，定是能够竭尽忠诚的人；凡是能够作为宾客引为上座的人，定不是品行有缺失的人。


【评析】

朋友是什么？朋友是你在愁苦风雨中行走时撑起来的一把伞，是你在黑夜里哭泣时递过来的一方绢，是让你的歌声达到最佳音响效果的那位不知名的调音师，是你差点被挤下黑夜台阶时拉你一把却不知是谁的那个人。与朋友相处，贵在真诚，唯有如此，我们才会拥有真正的友谊。

"有朋自远方来，不亦乐乎？"能与知己好友聊聊贴心话，确实是人生很快乐的事。不管是在困难时给我们以援助之手的人，还是在欢乐时给我们祝福庆贺的人，我们都应该把他们视为上宾对待。以宽广豁达的胸怀去多结交志同道合、披肝沥胆的朋友，才能让我

们得到更多的深情厚谊。

## 一百四十、种田要尽力 读书要专心

**【原文】**

地无余利，人无余力，是种田两句要言；

心不外驰，气不外浮，是读书两句真诀。

**【译文】**

地要竭尽其用，人要竭尽其力，这是种田人要记住的两句很重要的话；心绝不能外务，人绝不能外散，这是读书人要切记的两个要诀。

**【评析】**

地闲生杂草，人闲生余非。无论是地力，还是人力，我们都要尽其所能，以求达到最高的利用价值。人闲之时就找点事做，只有把生命投入对事业的追求中，我们才会活得充实，活得快乐。

人做事贵在一心一意，三天想着打鱼，两天想着晒网，终究是什么事也做不好的。求学更是如此，如果我们读书好高骛远、心浮气躁的话，脑中经常浮现一些不切实际的幻想，又怎么能够静下心来认真学习？其结果也必定是竹篮子打水一场空。

## 一百四十一、要造就人才 勿暴殄天物

【原文】

成就人才，即是栽培子弟；暴殄天物，自应折磨儿孙。

【译文】

所谓成就人才，就是将子弟培养成人；如果浪费财物，自然会使子孙受苦受难。

【评析】

善于识别和发现人才，并通过个人能力扶持和提拔人才，为他们提供施展才华的舞台，就是培养子弟。生活大肆浪费，不知节俭，子孙也必定会沾染上此类恶习，这样代代相传，岂不是让后代深受其害，又何谈为子孙造福之说呢？真正的教子之方，应是让他们养成勤俭节约的生活习惯和文明健康的生活方式，这才是使儿孙永保幸福的根本。

# 一百四十二、平情应物 藏器待时

【原文】

和气迎人，平情应物；抗心希古，藏器待时。

【译文】

以心平气和的态度与人交往，以平常心去应对事情；以古人的高尚心志相期许，守住自己的才能以等待时机。

【评析】

遇事能心平气和、从容不迫，既不急躁，也不怠慢，这样大事小事才能做到有礼有节，处理事情才会游刃有余、不偏不倚。欲有心静的修养，就需要我们平日养成一种平和的心态，在此基础上才可使言谈举止无过分之处，才会给人以亲切的感觉，同时也有利于身心健康的发展和道德情操的培养。

每个人都不愿平庸生活一辈子，而是希望能够有所作为，对社会有所贡献，这就要求我们必须有坚强的信念和远大的理想作为前进的动力和方向。如果一时没有自己施展才华的机会，也不要气馁，只要我们耐心地寻找、努力地创造，总会遇到属于自己的舞台，演绎出精彩的人生。

## 一百四十三、且坐矮板凳 等得好时光

**【原文】**

矮板凳，且坐着；好光阴，莫错过。

**【译文】**

要有耐心坐在小小的板凳上苦读，耐得住寂寞；大好的时光，千万不能错过。

**【评析】**

靠读书有所成就，并非一朝一夕就能够做到的，而是需要数年的寒窗苦读。如果抱着一夜成名或是一步登天的妄想，那结果只能是事与愿违。为人处世应如水一样，方可平静利物；甘居下地，才可等到有利时机；安然处世，你我才能心随所愿、梦想成真。

光阴似箭，日月如梭。如何把握时光，而不辜负青春年华呢？珍惜时光，爱惜生命，不为物役，不为欲累，以平静之心体味自然的博大与人生的深奥，从而领略无限美景。认真做事，明白做人，便可逍遥自在地生活于天地之间，便可无愧于自己的一生。

# 一百四十四、不失良心 要走正路

## 【原文】

天地生人，都有一个良心。

苟丧此良心，则其去禽兽不远矣；

圣贤教人，总是一条正路。

若舍此正路，则常行荆棘之中矣。

## 【译文】

人生活在天地之间，都要有一颗良心，如果丧失了这颗良心，那就离禽兽不远了；圣贤教导人们，总是劝人走一条光明大道，如果离开了这条正道，那就如同行走在荆棘之中。

## 【评析】

是否拥有良心是判断人是非善恶的根本标尺。正如臧克家所说："有的人活着，他已经死了；有的人死了，他还活着。"那些一生坏事做尽、为非作歹的人，他们也只是拥有一个空空的躯壳，哪里还有良心与精神可言。因为有良心，才会做善事、乐于助人，才会知恩必报，才会疾恶如仇，受到世人的尊敬与爱戴。没有良心和人格，那和动物又有什么区别呢？

人只有走正道，才会无愧于己，无愧于社会。古代圣贤之士的成败得失对指导我们走好人生之路有着很大的启示。如果我们不懂得为人处世，就可能会因迷茫而走上一条邪路，那么这条路上必定荆棘丛生，让我们遭受更多的打击与痛苦。

## 一百四十五、专务本业常乐 为天下百姓常忧

【原文】

世之言乐者，但曰读书乐，田家乐。

可知务本业者，其境常乐；

古之言忧者，必曰天下忧，廊庙忧。

可知当大任者，其心良苦。

【译文】

世人说起快乐的事，便说读书有乐趣，种田有乐趣，可见专心从事本行业的人，常常怀着快乐的心境。古代的人谈起忧愁的事，总是说起为天下百姓担忧，为朝廷政事担忧，由此可知身负重任的人，总是用心良苦。

【评析】

在以农为本的中国古代，以读书和耕田为乐是很自然的事，这可以说是人生的根本。种田有饭吃，读书知礼义，不仅解决了生存问题，还能提高自身的道德修养，还不算快乐的事吗？可见以读书

和田园生活为乐，正是古人追求的一种宁静与祥和的境界。

天下兴亡，匹夫有责。如果只知自己生活的快乐、幸福，而置他人的生死于不顾，这样自私自利的行为在古代也是遭人鄙视的，在现代更是要摒弃的。一方有难，就该八方支援，而不是消极地逃避苦难，躲避世事，只有怀着以拯救天下苍生为己任的博爱胸怀，我们才会觉得活得其所，活得有价值。

# 一百四十六、求死难救 求福在己

**【原文】**

天虽好生，亦难救求死之人；

人能造福，即可邀悔祸之天。

**【译文】**

上天虽希望万物充满生机，却也无法救那一心想死的人；人如能够创造幸福，就可以避免灾祸，好像得到上天的赦免一样。

**【评析】**

世事本来就充满着曲折与困难，如果因遇到磨难便厌倦人生，心灰意冷，甚至有了一心求死的轻生念头，那实在是太不珍惜自己的生命了。在挫折面前，我们可以失望，可以埋怨，但绝对不可以绝望，因为人生并不像你我想象的那样，只要我们保持积极向上的动力，不轻言放弃，不妄自菲薄，就一定能够战胜所有的困难，从而看到生命中更为可贵的地方。

明天的幸福总要靠今天修，只要我们把握当下，利用自己的青春年华努力去开创一番事业，而不是将自己的生命浪费在碌碌无为中，我们就一定能找到一片属于自己的天空，去享受幸福与快乐，因为上天绝不会亏待那些勤奋努力的人。

## 一百四十七、身不正难有好子弟 依势者必有对头

【原文】

薄族者，必无好儿孙；薄师者，必无佳子弟。吾所见亦多矣；

恃力者，忽逢真敌手；恃势者，忽逢大对头，人所料不及也。

【译文】

对亲族之人冷淡者，必定没有好后代；不尊敬师长的人，必定没有好子弟。这样的情形我们见得多了。依靠气力的人，必会遇上真正的对手；依靠权势作恶的人，必会遇到势力更大的对头。这都是人们所始料不及的。

**【评析】**

己所不欲，勿施于人。欲教育好别人，必先约束好自己。无论是对族人师长，还是子孙后代，都能够做到身体力行，言传身教，才会成为别人好的榜样，才会被别人效仿。如果是背信弃义之人，做忘恩负义之事，那子孙也必定不会学好，此生难成大器。

强中自有强中手，一山还比一山高。如果凭借自己的权势或财富横行霸道，必定会遭到报应的。因为这些人自高自大，目空一切，却不知天外有天，人外有人，当那些更为有权势的强者出现时，他们就会成为弱者，成为被宰割的对象。

# 一百四十八、为学要静敬 教人去骄惰

**【原文】**

为学不外"静""敬"二字，

教人先去"骄""惰"二字。

**【译文】**

做学问不外乎"静"和"敬"两个字；教导他人应先去"骄"和"惰"两个毛病。

**【评析】**

"静"就是不为外物所扰，能够在工作或学习中一心做下去、钻进去的功夫;"敬"就是为学要有谨慎小心的治学态度和谦虚好学的刻苦精神。如没有一颗恭敬之心,为学就可能会马虎大意,为人就可能会浮躁轻狂,从而导致事事不能顺利完成,甚至一无所获。

骄傲使人落后,虚心使人进步。因一点成绩便骄矜自夸,从此便养成了松懈懒惰的习气,那么迟早有一天,所得的成绩会化为乌有。唯有脚踏实地求学做事,才会学有所成,事有所就。

# 一百四十九、面对知己无愧 读书要能致用

【原文】

人得一知己,须对知己而无惭;

士既多读书,必求读书而有用。

【译文】

人生能够得到一位知己,一定要对得住知己而不惭愧;士人既然多读诗书,就一定要做到读书以致用。

【评析】

从《高山流水》中我们体悟到了知音难觅的渴望,可见知己的朋友一生一个足矣。在我们的生活和事业中不能没有朋友,如果缺少了友谊,就如同有好酒却无好菜,喝起来也是索然无味。有首歌唱得好:"千金难买是朋友,朋友多了路好走。"因此,要想朋友多多

并友谊长存，就必须用真诚做纽带，用宽容做桥梁。

把学得的知识用于实践中去，做到学以致用，才是求学的最终要求。如果接触社会后无法立世，什么都不能干，只会之乎者也空谈，只是个书呆子而已。所以，能够竭尽所能去推动人类文明的进步，为人民的事业做出更多的贡献，这才是我们读书的根本目的。

## 一百五十、直道教人 诚心待人

【原文】

以直道教人，人即不从，而自反无愧，切勿曲以求荣也；

以诚心待人，人或不谅，而历久自明，不必急于求白也。

【译文】

以正直的道理去教导人，即使他人不听从，而自我反省时也会问心无愧的，因此不应该改变心志去博他人高兴；以诚恳的心意去对待人，即使他人不肯接受，但时间久了自会明白，没有必要急着向人表白自己。

【评析】

以直指人心的道理去教导人，才能更好地让恶人净化心灵、弃恶扬善，从而改头换面、重新做人。即使有时我们的善举没有被他人所接受，甚至被曲解排斥，我们也不要轻易放弃自己的善行，心生冷淡之意，因为他人总有领悟我们所作所为的时刻，只要问心无愧，何不坦然地面对呢？

路遥知马力，日久见人心。只要我们以诚心待人，时间长了，人总会有理解我们好意的时候。如果假意行善，也终究逃不过他人眼睛的。即使有时我们的好心被对方误会，也不要自怨自艾，因为自己的所为无愧天地良心，自然就会心安理得，感到快乐常伴。


## 一百五十一、粗粝能甘 纷华不染

【原文】

粗粝能甘，必是有为之士；纷华不染，方称杰出之人。

【译文】

能甘愿于粗衣劣食，必定是有所作为的人；能不受声色荣华引诱，才能称之为杰出的人。

【评析】

吃得苦中苦，方为人上人。古今中外，凡成就大事者，无一不是经历苦难而最终有所成就的。吃得苦，才会磨炼出坚强的意志，才会懂得幸福的来之不易，才会在学业上有所成就、事业上有所建树，继而品味到生活中的幸福与甘甜。在衣服饮食方面追求华美，而忽略了精神的培养，这样的人大多没有坚定的志向，所以也不能指望他们有什么成就。

当今社会，很多人由于抵制不住外界的诱惑而落得身败名裂。所以能够保持洁身自好、不受污流的侵蚀是很难得的，这样的人能够保持清醒的头脑和纯洁的心灵，从而也拥有了高尚的人格与品德，成为社会所需要的杰出人才。

# 一百五十二、性情执拗不可与谋 机趣流通始可言文

【原文】

性情执拗之人，不可与谋事也；

机趣流通之士，始可与言文也。

【译文】

性情固执偏激的人，是无法与之谋事的；天性充满情趣而又活泼的人，才可以与他谈文论艺。

【评析】

性情固执己见的人，多刚愎自用，听不得别人的劝告，只知道由着自己的性子一意孤行，所以与此类人相处是很困难的。如果我

们与这样的人共谋事业的话，不但会于事无补，还可能会处处碍事；不但使事情难以圆满完成，甚至还会一败涂地。

与那些活泼自然、豪爽洒脱之人交往，我们才会真正有所收获，才会找到共同的爱好与兴趣，从而在此基础上谈论文学之道，进行感情的交流，领悟文学的韵味，以达到相互取益、共同进步的目的。

## 一百五十三、世事不必件件能　唯与古人心心印

**【原文】**

不必于世事件件皆能，唯求与古人心心相印。

**【译文】**

没必要对世上的每件事都知道得很清楚，关键是要对古人的心意心领神会。

**【评析】**

闻道有先后，术业有专攻。不必事事苛求都高人一等，只要在自己的领域内有过人之处，能够做好本分之事，我们便可以说是一个有益于社会的人。因为一个人的精力是有限的，如果面面俱到，则必定会分散精力，反倒使每件事都做不好，所以说与其想要有所作为，倒不如把精力集中于一个目标，而后使它发出耀眼的光芒来。

我们后人应该积极从先人的圣贤之书中汲取有益的养分，来丰

富自己的知识和能力。在取人之长，补己之短的虚心借鉴中去体味古人的心得，提高自己运筹帷幄的眼光和为人处世的经验。

## 一百五十四、无愧于心 收效桑榆

**【原文】**

夙夜所为，得毋抱惭于衾影；

光阴已逝，尚期收效于桑榆。

**【译文】**

每天早晚的所作所为，一定要无愧于心；光阴已经消逝，仍然希望能有所成就。

**【评析】**

人生一世，但求能够做到问心无愧，但此话说来容易做起来却难。人生中有很多理想未曾实现，也曾犯下不少过错，回忆起来能不为之后悔吗？所以我们不如忘掉昨天的不快，珍惜当下的大好时光，尽心尽力地去做好眼下的事，只要事情尽心尽力地做了，也就没有什么值得后悔的事了。摆脱过去缠绕在我们心头的阴影，把握今天的有利时机，为美好的明天而奋进，这才是我们最现实的生活方式。

与其在太阳落山的时候后悔什么，不如在太阳升起的时候做点什么。如果平庸地了此一生，到头来只能是"空悲切，白了少年头"。哪怕是自己老了，也不要整天长吁短叹，倒不如找些力所能及的事做，让自己老有所乐，老有所为。

## 一百五十五、创业维艰 毋负先人

【原文】

念祖考创家基，不知栉风沐雨，受多少辛苦，才能足食足衣，以贻后世；

为子孙计长久，除却读书耕田，恐别无生活，总期克勤克俭，毋负先人。

【译文】

祖先创立家业，不知经历多少风雨，受过多少苦难，才能做到衣食无忧，从而把家业传给后世；若为子孙做长远打算，除了读书、耕田以外，恐怕再没有别的出路了，于是总希望保持勤俭，不要辜负了先人的辛苦。

【评析】

光辉灿烂的历史文化，不知凝聚了古人多少艰辛的汗水。他们艰苦奋斗、自强不息和纯朴善良等优秀品质，为民族的发展注入了不懈的动力。所以后人应饮水思源，时时牢记创业的艰辛，守好祖宗留下的基业。

虽然时代早已今非昔比，但在此日新月异的年代，更应该努力拼搏，而不能贪图享受，应该多为我们的子孙着想，在育人的同时，还要掌握继承家业的能力，而不至于辜负先辈的期望与厚待。

## 一百五十六、生时有济于乡里 死后有可传之事

【原文】

但作里中不可少之人，便为于世有济；

必使身后有可传之事，方为此生不虚。

【译文】

成为乡里不可缺少的人，就是对世人有所帮助；死后有可以流传的事业，一生才算没有虚度。

【评析】

欲想成为对世人有用的人，得到社会的认可，就要有为民做主、造福人类的胸怀。以自己的力量扶弱济贫，以自己的德行感化乡里，把目光放得长远，我们必定能够成为本乡本土不可缺少之人，甚至还会成为国家的栋梁之材。

人过留名，雁过留影。人生百年，如果一生碌碌无为，死后没有给后人留下一点值得怀念的地方，那真是枉活一生。如果我们不

想平庸地活一辈子，就应该在有生之年多做对人有益的事，为社会多留些功德。

## 一百五十七、齐家先修身 读书在明理

【原文】

　　齐家先修身，言行不可不慎；

　　读书在明理，识见不可不高。

【译文】

　　治理家庭首先要修身养性，言行定要处处谨慎；读书在于明达事理，认识和见解不能不高深一些。

【评析】

　　修身而后齐家，齐家而后治国，治国而后平天下，这是一个循序渐进的过程，既不可相互颠倒，更不可缺少其一，所以修身就成了重中之重的一步，成了最基本的一步。无论是与人相处，还是处理事情，我们都要从自身做起，只有做到严于律己，我们才能更好地去做其他的事，才能使自己成为他人学习的榜样。

　　读书所学是好是坏，不能以获得知识的多少为标准，关键是看他是否可以把所学的知识融会贯通，学以致用。如果只是停留在一个水平上，不能有更大的发展，那就会被淘汰，因为创新是前进的

动力，读书也同样离不开创新的思维。

# 一百五十八、积善有余庆 多藏必厚亡

## 【原文】

桃实之肉暴于外，不自吝惜，人得取而食之；食之而种其核，犹饶生气焉，此可见积善者有余庆也；

栗实之肉秘于内，深自防护，人乃剖而食之；食之而弃其壳，绝无生理矣，此可知多藏者必厚亡也。

## 【译文】

桃的果肉露在外面，毫不吝惜地给人食用，人们食取之后将果核种入土中，使其还能发芽生长，由此可见，多做善事的人，必定有遗泽留给后世。栗的果肉藏在壳内，好像尽力保护，人只有剖开才能食用，而后丢弃果壳使其无法生根发芽，由此可见，吝于付出的人，往往容易自取灭亡。

## 【评析】

善为德之首，一个没善心的人，是不可能树德立威的。如果一个人多行善事，首先必须净其心，立其志，而后才能够以自己的善行去感化他人的善心。积善要从身边的小事做起，不能妄想着做一件善事便一举成名。只有在小事的积累中，我们才可以养成自觉行善的境界，才能真正成为社会所需的品德高尚之人。如果一个人过分追求生活享受，只顾自家利益，不知利泽施人，那势必不会长久，早晚会像栗子壳一样被世人所抛弃。

## 一百五十九、修身求备 读书求深

【原文】

　　求备之心，可用之以修身，不可用之以接物；

　　知足之心，可用之以处境，不可用之以读书。

【译文】

　　追求完美之心，可以用在自我修养上，却不可用在接待人物上；易满足的心理，可以用在适应环境上，却不可用在读书求知上。

【评析】

　　严于律己，宽以待人。对自己要求严格一点，可以培养我们的涵养与气度，提高我们的道德与品行。如果对他人要求过于严格，就容易让我们孤立无援，显得势单力薄，从而让我们最终失去人心，失去别人的帮助。对待他人，应该多看长处，容忍他人的短处，切不可求全责备。

　　人要想体会到生活中的快乐，贵在有一种知足常乐的精神。如果对物质利益穷追不舍，哪还有时间去静心享受生活中的欢乐时刻呢？面对生活环境，不妨自得其乐一番，何苦执迷不悟。但对于求取学问来说，我们是不能有丝毫松懈的，只有坚定不移地追求，才会获得真知，使自己的头脑更具智慧。


## 一百六十、有守足重 立言可传

【原文】

有守虽无所展布，而其节不挠，故与有猷有为而并重；
立言即未经起行，而于人有益，故与立功立德而并传。

【译文】

能操守道义，即使难以推广，只要志节不屈，就和有贡献、有作为一样重要；著书立说宣扬道理，虽未以行动来证明，但是对他人有益，所以和立事、建功德同等重要。

【评析】

建功立业是成就，是贡献，坚守道义同样也是人生价值的崇高体现。我们都想做台前的英雄，因为这样显得更为辉煌而有气魄，却往往忽略了那些幕后的英雄。其实在很多时候，我们坚守自己的岗位，默默贡献自己的力量，比那些名声远播的人更有意义。就如同拍一部电影，离开了导演的指导，那些演员就不可能会一举成名。

不管立言是如何描述的，只要它是对世人有益的好书，珍藏着思想的精华，就值得我们肯定。所以说在文字上宣扬道理，只要对人有益，就可以像立功立德一样被世人传颂。


# 一百六十一、求教受劝 向善进德

【原文】

遇老成人，便肯殷殷求教，则向善必笃也；

听切实话，觉得津津有味，则进德可期也。


【译文】

遇到年长有德之人，便热心地请求教导，那么向善之心必定十分诚恳；听到切真实在的话，便觉得津津有味，那么德业的长进就有望了。


【评析】

只要敏而好学，不耻下问，多听从他人的教诲，我们就会少走些弯路，避免误入歧途。能够降低身份向人请教已属不易，如果还能真心诚意、谦虚谨慎地去做，那就更难能可贵了。所以，那些"殷殷"者必是些求教若渴、从善如流之人。

一些虚狂不善之徒，总愿意听些伪饰的谎言、谄媚的奉承话，喜欢别人抬高自己，把自己捧得天花乱坠，却不知当自己被抬高之后，别人便会松手离去，到时摔疼的还是自己。而真正有德行的人，则喜欢听切实话：既能听得进忠言，也能听得进"逆耳"，以求不断反省自己，提高自身素质，从而在事业上有更辉煌的成就。

## 一百六十二、有真涵养 写大文章

【原文】

有真情性，须有真涵养；有大识见，乃有大文章。

【译文】

要有真实的性情，先要有真正的修养；有高明的见识，必定能写出不朽的文章。

【评析】

真正的涵养不仅要有心平气和的心态，还要有吃苦耐劳、安贫乐道等多种修养。它包括人们的气质、品格、德行等，这需要我们在日常生活中不断地学习和积累。点滴的培育，精心的雕琢，才能塑造我们的"真涵养"。

为人处世要识大体、顾大局，千万不可以貌取人、以点概面。只有得到深刻的认识，抓住事物的本质，我们才可在行事中减少失误。看透了人生，领悟到生活中的智慧，我们才能升华自己的精神境界，才能把握住历史的脉搏，跟上时代的潮流。

## 一百六十三、为善在让 立身在敬

【原文】

  为善之端无尽，只讲一"让"字，便人人可行；

  立身之道何穷，只得一"敬"字，便事事皆整。

【译文】

  做善事的方法是无穷尽的，只要能做到一个"让"字，人人都可行善；立身处世的方法也很多，只要做到一个"敬"字，事事便能规范起来。

【评析】

  生活之中难免会遇到一些矛盾。亲朋好友、左邻右舍间发生纠纷时，我们应该学会忍让，切不可因一些鸡毛蒜皮的小事便争执不休，甚至拳脚相加，只有耐心地解释，相互宽容与尊重，才会使大事化小，小事化了。

  现实社会中本无高低贵贱之分，就是因为一些人以势利的眼睛看人，把自己看得高人一等，而把别人看得下贱卑微，不懂得尊敬他人，所以世人才有了分别。只有那些温和文雅、平易近人的人，才会受到他人的尊重，要想得到别人尊重，首先要给他人以尊重。

# 一百六十四、是非自明 得失自知

【原文】

自己所行之是非，尚不能知，安望知人？

古人以往之得失，且不必论，但须论己。

【译文】

自己所做的是对是错，都还不知道，又怎能知道他人的对错呢？古人过去的得失暂且不要评论，重要的是先要明白自己的得失。

【评析】

人贵有自知之明，这是做人的基本准则，也是一个人道德优劣的重要表现。如果一个人连自己的错误都认识不到，又谈什么改过自新、以求发展呢？正确地批评别人，只是机智和聪明；正确地认识自己，才算是个高明的人，能知错改之，便可称为完美的人了。

在对别人做评价时，要先观察自身是否也有类似的缺点。一见到别人的错误便大吵大嚷，不能给予体谅，而对自身的过失却只字不提，这样的人己身不正，又何以正人呢？只有做好自己，我们才有资格去教育别人，才会让他人信服，才会赢得他人的尊重。

# 一百六十五、仁厚是儒家之道 虚浮为今人之过

【原文】

治术必本儒术者，念念皆仁厚也；

今人不及古人者，事事皆虚浮也。

【译文】

治理的方法应照儒家的思想去做，是因为儒家的治国之道出于仁爱宽厚之心；现代的人之所以不如古人，主要就是所做之事虚浮不实在的缘故。

【评析】

仁爱是儒家在治国方面的思想精髓。孔子曾提出"仁""礼"统一的社会理论；孟子曾提出"施仁政于民"的思想。由于当时儒家的思想顺应了历史的发展潮流，有利于维护统治阶级的利益，便在汉代确立了"罢黜百家，独尊儒术"的地位。时至今日，"仁"与"礼"依然是生活中不可缺少的道德要求，所以世人且不可丢弃。

现在社会上确有一些人缺乏仁爱之心，甚至虚伪狡诈，心怀叵测，把谋取利益建立在他人的痛苦之上。这些毫无道德可言的小人，终究是要被社会所淘汰的。

## 一百六十六、莫之大祸 起于不忍

【原文】

莫之大祸，起于须臾之不忍，不可不谨。

【译文】

不管多大的灾祸，都是由于一时不能忍耐导致的，所以凡事不可不谨慎。

【评析】

人一生所犯的过失往往是由于自己缺少忍耐而造成的。一时情绪激动，便在不理智的情况下做出一些有违常理的事，而使我们终生后悔不已。所以我们在平日要培养自己的"忍"性，遇事冷静思考，不鲁莽行事；对人平和热情，能谨慎小心。在顺境中有居安思危的意识，在逆境中有安贫乐道的精神，把"忍"作为日常生活中的一种高尚品质和行为规范，这便是忍的最高境界，是免去日常忧患的良方妙药。

欲做到"忍"，首先要保持一颗平常心，无论在顺境还是逆境中，都要保持平常的心态。不要被一些无关紧要的小事左右了思想，多用心想想，多用道德衡量，也许就能让我们生活得更加顺利。

## 一百六十七、体察他情 有益他人

【原文】

家之长幼，皆倚赖于我，我亦尝体其情否也？

士之衣食，皆取资于人，人亦曾受其益否也？

【译文】

家中老小都依靠我生活，我是否曾体会到他们的心情与需要呢？读书人的衣食全凭着他人的生产来维持，是否也让他人得到些益处呢？

【评析】

我们一定要谨守礼法，做全家人的表率，以自己的良好表现来带动大家。对上要尊敬孝顺，对下要爱护教导，从而负起自己应尽的责任与义务，我们才会无愧于父母的养育之恩，才会无愧于身为儿女生身父母的称谓。

读书之人不但缺少耕田的生产之苦，而且还在衣食上享受别人的很多，所以为了不至于受之有愧，读书人应该以传播学问来回馈万民，为社会大众注入精神动力，使他们奋发有为、积极向上，这便是对个人所享衣食之恩的最好回报。

# 一百六十八、读书积德 事长亲贤

## 【原文】

富不肯读书，贵不肯积德，错过可惜也；

少不肯事长，愚不肯亲贤，不祥莫大焉！

## 【译文】

致富后不愿读书，地位高了不愿积德，错过了可为的机会实在可惜；年轻时不尊敬长辈，愚昧又不肯接近贤能的人，没有比这更不吉祥的事了。

## 【评析】

人贵有一种活到老、学到老的精神追求。如果只顾享受荣华富贵，而不汲取生活中的精神食粮，那无异于行尸走肉，一生只会觉得空虚乏味，就如同生活在荒凉的沙漠之中。所以说没有明确人生目标的人，也就失去了生活的真正意义。

除了向书本学习之外，我们还要找一些圣贤之士作为自己学习的榜样。父母是我们最初也是最好的老师，当自己有不足之处，要虚心地向父母学习。同时也要向圣贤之人请教。如果不虚心学习，故步自封的话，那只能是误入歧途，自毁前程。

# 一百六十九、五伦之后有大经 四子成后有正学

【原文】

自虞廷立五伦为教，然后天下有大经；

自紫阳集四子成书，然后天下有正学。

【译文】

自从虞舜以五伦立教以后，天下才有了不可变易的人伦大道；自朱熹集《论语》《孟子》《大学》《中庸》为四书后，天下才有了奉为准则的中正之学。

【评析】

五伦即指君臣、父子、兄弟、夫妇、朋友之间的关系。相传五伦是由上古时代的部落首领虞舜制定的，自此之后才有了这不可变更的人伦大道。宋代的理学大师朱熹，为著名的《论语》《孟子》《大学》《中庸》四书作注，解说其中的思想，天下从此确立了为人的中正之学。

社会发展到今天，我们不能只按照老传统，以免束缚了世人的思想。新的时代赋予了我们新的内涵，在继承前人优秀的文明成果时，应该取其精华、去其糟粕，从中汲取有益的东西，才可推动思想、道德、文化的全面发展。

# 一百七十、意趣清高 志量远大

【原文】

意趣清高，利禄不能动也；志量远大，富贵不能淫也。

【译文】

心境志趣清雅高尚，金钱禄位便不能变易其意志；志向广阔高远，即使荣华富贵也不能放纵迷乱本心。

【评析】

志趣高尚的人，即使金钱和地位也是无法改变其心志的。像陶渊明的“采菊东篱下，悠然见南山”、像王维的“木末芙蓉花，山中发红萼”，还有苏轼的“八风吹不动，端坐紫金莲”，这些人岂会因功名利禄而移其高雅的情趣？因为他们早已看破了红尘。

人生在世，是要有点精神的，即“富贵不能淫，贫贱不能移，威武不能屈”的精神。有了这种精神，我们才算得上一个高尚的人，才能成为时代所需的人，才能做时代精神的实践者和倡导者。

# 一百七十一、势家女难待 富家儿难处

【原文】

最不幸者，为势家女作翁姑；

最难处者，为富家儿作师友。

【译文】

最不幸的事是给有财有势人家的女儿做公婆；最难办的事是给富家子弟做老师或朋友。

【评析】

古代富贵人家的女儿素有"千金"之称，就是因为被父母视为掌上明珠，从小到大在娇惯中成长，养成了盛气凌人、颐指气使的习性，而使人无法侍奉。

富家子弟依靠钱财胡作非为，以为金钱是万能的，能换来一切，便有了不思进取的念头，从而视钱高于一切、重于一切。如果做这些纨绔子弟的老师，不仅师道尊严难以保持，甚至还会受其侮辱。

## 一百七十二、钱造福也能生祸 药救人也能杀人

【原文】

钱能福人，亦能祸人，有钱者不可不知；

药能生人，亦能杀人，用药者不可不慎。

【译文】

钱财能够给人福分，但也能带来祸害，有钱的人不能不明白这个道理；药能救活人，但也能毒死人，用药的人不能不小心谨慎。

【评析】

离开钱财我们固然无法生活，但如果一味地索求，它也会给我们带来祸害。钱财是一把"双刃剑"，在与钱财打交道的过程中，我们需要趋利避害。追求金钱就要通过正当合法的手段，花费钱财要用之有度，切不可肆意挥霍。如果取不义之财，养成奢侈淫乱的恶习，那我们就会受到金钱带来的惩罚。

是药三分毒。如果我们有病乱投医、胡吃药的话，有时也会造成意想不到的恶果。有了病，关键是要对症下药。要是用药过量或不足的话，都会加重病人的病情。

## 一百七十三、身体力行 集思广益

【原文】

凡事勿徒委于人，必身体力行，方能有济；

凡事不可执于己，必集思广益，乃罔后艰。

【译文】

不要事事都交给别人去办，一定要身体力行，才能对自己有所帮助；不要任何事情都固执己见，只有集思广益，才不会在日后出现困难。

【评析】

唯有自己为自己铺的路才是平的，什么样的人生都是自己一手创造的，除了你自己，谁也不能保证你成功。所以说求人不如求己，因为最值得我们相信的人还是自己，自己能办到的事尽量自己去完成，这样既能养成独立自主的习惯，也能让我们在实践中有更为深刻的体会与认识。正所谓："纸上得来终觉浅，绝知此事要躬行。"

做事独断专行，固执己见，不肯采纳听从他人的良言相劝，是迟早要出大错的。只有集思广益，结合大家的长处，才可对事情作出正确的判断。集思广益是一种智慧的选择，是我们每个人都得掌握的一门必修课。

## 一百七十四、耕读成其业 仕途不玷污

【原文】

　　耕读固是良谋，必工课无荒，乃能成其业；

　　仕宦虽称显贵，若官箴有玷，亦未见其荣。

【译文】

　　耕种和读书固然是好的谋生之道，但只有两者并重不致荒怠，才能成就事业；做官虽能富贵显达，但如果为官受到玷污，那就不是什么荣耀的事了。

【评析】

　　古代耕田种地的过程可以说是养体养生，读书求知则可以说是养心养身，两者缺一不可。耕是读的基础，没有耕提供生存必需的物质基础，就谈不上读；读是为了更好地促进耕的发展，没有读所提供的精神食粮，就不会有耕的进一步发展。只有两者兼顾，才会共同进步，相互受益。

　　为官就要清正廉洁，为民造福。如果作为一方百姓的父母官，只知以权谋私、搜刮钱财，使老百姓怨声载道的话，那就枉对为官的称号了。这样的贪官污吏终究难逃报应，早晚会受到法律制裁的。

# 一百七十五、儒者多文为富 君子疾名不称

儒者多文为富，其文非时文也；

君子疾名不称，其名非科名也。

【译文】

读书人的财富便是文章多，但这些文章并不是指应时之作；正直的君子担心名声不好，不能为人称道，这个名声不是科举之名。

【评析】

每个人都有各自的追求与爱好，读书人的财富就是写出大量的好文章，实现自己的人生价值。可如果所写的文章只是辞藻华丽，而内容空洞无物的话，那也是毫无意义可言的。只有那些能够给人以鼓舞和启迪的传世佳作，才是具有真正价值的好作品。

有德行的君子追求的是建立道德与功业，对社会有所贡献，而不是虚无的名望与地位。如果只求为自己赢得好名声，从而以自己的威名来贬低别人、抬高自己，又有什么圣心德行可言呢？

# 一百七十六、博学笃志 神闲气静

## 【原文】

"博学笃志，切问近思"，此八字是收放心的功夫；

"神闲气静，智深勇沉"，此八字是干大事的本领。

## 【译文】

学识广博，志向坚定，切实地请教，认真地思考，这是研究学问的重要功夫；心神安详，气质沉稳，深刻的智慧，沉毅的勇气，这是做大事必备的主要能力。

## 【评析】

好钢要用在刀刃上，牵牛要牵牛鼻子。这都是说做事要抓住关键，只有把握做事的要领，我们才能做到游刃有余、事半功倍。求学的诀窍就是：博学笃志，切问近思。意思就是要博学多思，既不可一味地死学，也不可只顾及一面，而忽略了全部。灵活的学习方法，广泛的兴趣爱好，才会学得更多的知识。

做大事、成大业的精髓就是：神闲气静，智深勇沉。遇事能够沉着冷静，应对自如，不仅有高深的智慧，还要有敢作敢为的勇气。有智无勇是懦弱，有勇无谋是鲁莽，只有智勇双全，才是成就大事的必备条件。

# 一百七十七、规我过者为益友 偏我私者为小人

【原文】

　　何者为益友？凡事肯规我之过者是也；

　　何者为小人？凡事必徇己之私者是也。

【译文】

　　哪一种朋友才算益友呢？那些愿意规劝我们改正过错的人就是益友；哪一种朋友算是小人呢？那些一味偏袒我们过错、从自己私利出发的人便是小人。

【评析】

　　真正的朋友不仅要志同道合，还能够相互督促、相互进步。有了困难，朋友能够及时伸出援助之手；有了快乐，能够与朋友共同分享；有了错误，能及时相互给予提醒指正……这才是真正的友谊。得志时，便围拢过来与我们交好；失意时，便躲得无影无踪，这样的朋友多是些虚情假意之辈。所以人常说：在得意时，朋友认识了你；在落难时，你认识了朋友。

　　小人交朋友的原则是建立在利益关系之上的。只要对自己有好处，他们就会阿谀奉承，溜须拍马。一旦没有利用价值了，便会一脚蹬开，甚至侮辱诽谤。这样的人大多是过河拆桥的忘恩负义之辈。

如果与小人交朋友，只能是自讨苦吃，早晚要深受其害。


## 一百七十八、待子孙不可宽 行嫁礼不必厚

**【原文】**

待人宜宽，唯待子孙不可宽；

行礼宜厚，唯行嫁娶不必厚。


**【译文】**

对待他人应该宽厚，但是对待子孙千万不能宽容；礼节要周到厚重，但办婚事不必大肆铺张。


**【评析】**

养不教，父之过；家有家规，国有国法。为了使子女能够长大成才，我们必须予以严加管教，不然就难以使之成为对社会有用的人才。如果身为父母不能教导孩子好好为人处世，就是我们的失职。

勤俭节省历来被奉为美德。当今社会，嫁娶之时大摆酒宴，讲排场、摆阔气，炫耀自己的地位、能力等，实属不良风气，在现实生活中是要坚决禁止的。

# 一百七十九、事观已然知未然 人尽当然听自然

## 【原文】

事但观其已然，便可知其未然；

人必尽其当然，乃可听其自然。

## 【译文】

事情只要看它已经如何，便能预知将要发生的事情；一个人如能尽其本分，然后便可听其自然的发展。

## 【评析】

凡事预则立，不预则废。任何事物都有其自身变化发展的规律，只要我们善于观察，能做到审时度势，便可预知事情未来的发展方向，便可推得事物变化的态势与归宿，从而有利于我们提前做好应对的准备。真正有才干的人，在做事时能变被动为主动，这就是他们能成就事业的关键之一。

在现实中有些人什么都想干，结果却是什么都没有做好，所以说做事不能面面俱到，否则就会顾此失彼，结果仍是一事无成。应该做的事情，尽心尽力去做好；无能为力的事，就不要勉强，听其自然也未尝不是处世的好办法。

# 一百八十、观规模之大小 知事业之高卑

## 【原文】

观规模之大小，可以知事业之高卑；

察德泽之浅深，可以知门祚之久暂。

## 【译文】

看规模法式的大小，便可以知道这项事业是宏达还是浅陋；观察品德与恩泽的深浅，便可以知道家运是长久还是短暂。

## 【评析】

万事开头难。教育子孙要从小开始，就如同建造楼房要先打好地基、写一篇文章要先构思好逻辑一样，所以说做任何事情开头都是非常重要的。如果一个国家想长治久安，就必须先看它的国家制度是否完善，条例法规是否健全，只有这些基础的法规举措制定好了，才会使国家稳定、人民生活安康。

同样道理，一个家族是兴旺还是败落，也与祖上的德泽深浅有着必然的联系。如果祖上积善行德，则子孙便能奉行不衰，家运就能持久；如果祖上依仗权势横行乡里、欺压百姓的话，则家业必定不会长久，最终会败落在子孙手里。

# 一百八十一、君子尚义 小人趋利

**【原文】**

　　义之中有利，而尚义之君子，初非计及于利也；

　　利之中有害，而趋利之小人，并不愿其为害也。

**【译文】**

　　在行义之中也会得到利，这个利是重义的君子始料不及的；在谋利中也会有不利的事情发生，这是一心求利的小人不愿看到的。

**【评析】**

　　世上许多事都事与愿违，想得的得不到，不想要的却有时候从天而降。一些人做好事只是出于真心诚意，根本没有想到索求回报的意思，但好处却偏偏在此时来临；有些小人一心想通过卑劣的手段获取好处，却在此过程中栽了跟头，甚至得不偿失。

　　对于世人来说，最好就是看淡"名利"二字，得到时，就当是幸运女神眷顾了我们，但千万不要心生贪念；失去时，就当是自己不小心跌了一跤，但绝对不能失望，而是爬起来继续走自己的路，这样我们才会活得逍遥自在、活得乐观豁达。

# 一百八十二、小心谨慎无咎 高位难保其终

**【原文】**

小心谨慎者，必善其后，畅则无咎也；

高自位置者，难保其终，亢则有悔也。

**【译文】**

小心谨慎的人，处理事情必定会善始善终，保持通达的事理就不会犯下过错；身居高位的人，很难在自己的位置上维持长久，因为达到顶点后的结果便是走下坡路。

**【评析】**

谨慎是成就事业的重要态度，也是一种为人处世的高尚品质。谦虚之人，得势时却不得意忘形，处事时又能审时度势；困难时不气馁失望，遇险时不惊慌失措，正是因为有这些处变不惊、荣辱不变的优秀品质，他们才成了被人所称道的自我完善、成就大事的人。

物极必反，当事情发展到看似无药可医的地步时，那往往是好的转机即将来临的时刻；当事情看似到了完美无缺的地步时，却往往又会暴露出新的矛盾或缺憾。所以我们在看似身处绝境之时，却不能绝望，因为那是黎明前的黑暗；当我们身处顺境之中时，也不要忘乎所以，没准灾难正一步步向我们走来。

## 一百八十三、勿以耕读谋富贵 莫以衣食逞豪奢

**【原文】**

耕所以养生，读所以明道，此耕读之本原也，而后世乃假以谋富贵矣；

衣取其蔽体，食取其充饥，此衣食之实用也，而时人乃藉以逞豪奢矣。

**【译文】**

耕田是为了糊口活命，读书是为了明白道理，这是耕田和读书的本意，然而后人却当成谋求富贵的手段。穿衣是为了遮体，吃饭是为了充饥，这原本是衣食的实用价值，但现在的人却用以显示自己的奢侈与豪华。

**【评析】**

任何事物的存在，都有其内在的根本属性，如果做事脱离了初衷，就会遭受事情反馈给我们的惩罚。人与自然本来是和谐共处的，但人类为了自身的发展便贪得无厌地向大自然索取，结果遭到了大自然的严厉报复。如果我们把耕田视为糊口、读书视为明理的本意转变成谋求富贵，那也必定会葬送自己的德行。

吃饭穿衣本是为了充饥饱暖，但如果用来显示自己的富有和地

位，也势必会遭到众人鄙视。因为这样的人只不过是精神无所寄托、空虚无聊的社会蛀虫，由于在未来没有立足之地，就注定了早晚要被社会的发展潮流所淘汰。


## 一百八十四、一官到手怎施行 万贯缠腰怎布置

【原文】

　　人皆欲贵也，请问一官到手，怎样施行？

　　人皆欲富也，且问万贯缠腰，如何布置？

【译文】

　　人都希望自己显贵，请问一旦高官到手，你又将怎样施行仁政呢？人都希望自己富有，请问要是你腰缠万贯了，又将如何使用这些钱财呢？

【评析】

　　"当干部为什么，有权了做什么，身后留什么"，这是廉政建设的主题，给了为官之人一个深深的思考。做官的根本要求就是要懂得为官之道、为官之能，懂得全心全意为人民服务是自己为人处世的宗旨。如果天天把口号挂在嘴上，却在背地里贪污腐化，为非作歹，只能被称为贪官、昏官，社会的败类。

　　把握钱财最好的方法就是取之有道、用之有度。挣钱时，能够

光明正大地得来；消费时，能够乐善好施地用去，这便可以称为一个持家有方、经营有道的人。如果有了钱便肆意挥霍或是成为吝啬的守财奴，则必定会招来灾祸，这无异于玩火自焚、作茧自缚。


## 一百八十五、不宜唯教以文 哪能但学其艺

【原文】

文、行、忠、信，孔子立教之目也，今唯教以文而已；

志道、据德、依仁、游艺，孔门为学之序也，今但学其艺而已。


【译文】

文、行、忠、信是孔子为了教育学生而设立的科目，现今只剩下传授、学习文学这一项了；志道、据德、依仁、游艺是孔子的学生学习的顺序，如今只是学其艺而已。


【评析】

文、行、忠、信是孔子为了教育学生而设立的科目，从科目的内容可以看出孔子教学的主要思想。其中，行、忠、信都是针对人的品德。可是后人却只传授、学习文学，抛弃了培养人道德情操的重要部分。志道、据德、依仁、游艺是孔子的学生学习的顺序。在这四项中，志道、据德、依仁都是针对人的品德教育，可后人抛弃

了这三项，而只注重六艺的学习。

虽然随着时代的变化，人的品性教育的内涵也发生了变化，一些儒家思想受限于时代，显得有些落伍或有局限性，但是其中不少内容仍然具有一定的积极意义和重要价值。

## 一百八十六、君子怀刑　君子务本

【原文】

隐微之衍，即干宪典，所以君子怀刑也；
技艺之末，无益身心，所以君子务本也。

【译文】

一些不易察觉的过失，很可能就会冒犯法度，所以君子行事，常在心中留礼法。技艺是学问的末流，对身心并无改善的力量，所以君子重视根本的学问。

【评析】

春秋时期的管仲曾说："微邪，大邪之所生也。"唐代名臣房玄龄说："杜渐防萌，慎之在始。"重大的灾祸往往产生于极微小的隐患。因此，应时刻把法律与道德的规范谨记在心。"君子怀德，小人怀土；君子怀刑，小人怀惠。"时刻不忘礼乐规范，才能行为端正。做人千万不可心存侥幸，做出违法乱纪、败坏道德的事情来。否则，当灾难降临时一定会让人追悔莫及。

务本，即致力于根本。"君子务本，本立而道生。"一个人想要有所成就，就要为自己的本业付出巨大的努力，而不要为那些闲情逸致白白浪费大量的精力。因为即使是天资再聪颖的人，他的时间都是有限的。做事能够分清主次，尽量让自己致力于重要的事业，这样才能早日取得成功。

## 一百八十七、学而有恒 贫而有志

【原文】

士既知学，还恐学而无恒；

人不患贫，只要贫而有志。

【译文】

读书人既知道学问的重要，却恐怕学习时缺乏恒心。人不怕穷，只要穷得有志气。

【评析】

知学，意思是知道学问本身的重要性，求学不是为吃饭，也不是为颜面，而是为了拓展生命的维度。认识到这一点，才会学无止境，才是知学。光知学还不够，还要有恒心和毅力，如果做学问浅尝辄止，无恒心去追求它，到头总是无用。追求学问的最高境界是乐在其中，能从学问中获得乐趣。

穷并不可耻，只要穷得有志气，有节操，不做可耻的事。孔子曾说："君子固然免不了有穷的时候，却不像小人穷的时候，什么无耻的事都肯做了。"事实上，君子往往穷的时候居多，因为他不取不义的财，小人却富的时候居多，因为他不问事理，只要有利可图。

## 一百八十八、用功于内外无求 饰美于内中无有

【原文】

用功于内者，必于外无所求；

饰美于外者，必其中无所有。

【译文】

在内在方面努力求进步的人，必然对外在事物不会有许多苛求；在外表拼命装饰图好看的人，必定内在没有什么涵养。

【评析】

如果经不起外界的诱惑，就会分散精力，无法完成自己的事业。那些追求外表华美的人，往往也不注重内在的精神追求，不愿意花费时间和精力去刻苦修炼，只是一味追逐潮流，想通过刻意的外在装饰来显示自己的与众不同，这样的人，最终难免要沦为绣花枕头。

# 一百八十九、有心者贵诸人谋 讲学者求其实用

## 【原文】

盛衰之机，虽关气运，而有心者必贵诸人谋；

性命之理，固极精微，而讲学者必求其实用。

## 【译文】

兴盛或是衰败，虽然有时和运气有关，但是有心人一定要求在人事上做得完善。形而上的道理，固然十分微妙，但是讲求这方面的学问，一定要它能够实用。

## 【评析】

事物的兴衰成败，虽然与运气有一定的关系，但是，有心人从来都不会忽略人的主观能动作用。所谓"谋事在人，成事在天"。任何事物的发展都有其内在的规律，不以人的意志为转移，然而人的主观能动性却发挥着很大的作用。所以一个人在处理事务时，一定要抓住时机，利用自己和他人的智慧，充其发挥主观能动性，尽最大努力去做，才有可能成功。天下事本难预料，有些事看似顺利，做时却困难重重；有些事看似无望，做时却左右逢源。总要尽人事而听天命，若连人事都不尽，十之八九是要失败的。

性命之学，固然幽微隐秘，但是讲求这种学问的人，一定要考

虑它的现实意义。讲性命之学，不可完全走到崇高玄虚的境地。所谓"形而上者谓之道，形而下者谓之器"。学习和研究这种学问的人，如果将其实用价值挖掘出来，并应用于现实社会，它的价值就会得到最大限度的发挥，为社会带来效益。

## 一百九十、资性不足限人 境遇不足困人

【原文】

　　鲁如曾子，于道独得其传，可知资性不足限人也；

　　贫如颜子，其乐不因以改，可知境遇不足困人也。

【译文】

　　像曾子那般愚鲁的人，却能明孔教并一以贯之而阐扬于后，可见天资不好并不足以限制一个人。像颜渊那么穷的人，却并不因此而失去他的快乐，由此可知遭遇和环境并不足以困住一个人。

【评析】

　　曾子在孔门弟子中是属于愚鲁的，但是他勤奋好学，颇得孔子真传，成为孔子学说的主要继承人和传播者，在儒家文化中具有承上启下的作用。由此可见，资质并不足以限制人，人最怕的是自己限制了自己，而不肯努力，那就真无法改善补救了。

　　同样，人的处境不尽相同，但是一个人的品行并不完全决定于

他所处的环境。像颜渊那样一箪食，一瓢饮，而不改其乐，便是因为他的快乐并不依附在外界的环境上，而是由内心自生的。人的快乐有依于环境，却不决定于环境。只要每个人不缘外境，放下万虑，便可感受到真正的快乐。这种快乐既然不是得之于外，所以也不会失去，只要每个人反求自心，便可见到。

## 一百九十一、敦厚可托大事 谨慎方成大功

【原文】

敦厚之人，始可托大事，故安刘氏者，必绛侯也；
谨慎之人，方能成大功，故兴汉室者，必武侯也。

【译文】

忠厚诚实的人，才可将大事托付给他，因此能使汉朝天下安定的，必定是周勃这个人。唯有谨慎行事的人，能建立大的功业，因此能使汉室复兴的，必然是孔明这般人。

【评析】

忠厚诚实的人，才可将大事托付给他；而谨慎行事的人，才能成就大事。西汉开国功臣周勃，深受汉高祖刘邦器重。刘邦死后，诸吕弄权，周勃联合陈平等人在吕后死后平定诸吕，迎文帝即位，巩固了汉朝的政权。待人处事冷静沉着，考虑事情就会比较全面，

处事稳健，不偏不倚，这样才能成就大事。孔明辅佐刘备，很多人都只注意到他的神机妙算，以为非常人所及，若是仔细推究起来，无非是他谨慎过人罢了。为大事最需要谨慎，一步都错不得，往往一步之差，全盘皆输。孔明便是掌握了这一点，再加上他原有的智慧，所以才能助刘备成三分天下之局。

## 一百九十二、祸及不能救　罪成不能保

【原文】

以汉高祖之英明，知吕后必杀戚姬，而不能救止，盖其祸已成也；

以陶朱公之智计，知长男必杀仲子，而不能保全，殆其罪难宥乎？

【译文】

像汉高祖那么英明的帝王，明知在他死后吕后会杀死他最心爱的戚夫人，却无法挽救阻止，乃是因为这个祸事已经造成了；陶朱公那么足智多谋的人，明知他的长子非但救不了次子，反而会害了次子，却无法保全此事，大概是因为次子的罪本就难以原谅吧！

【评析】

汉高祖雄才大略，能取天下，却不能阻止吕后杀戚夫人，一方

面是因为汉高祖已死，无能为力，另一方面是因为之前汉高祖宠爱戚夫人，又想立戚夫人的儿子为太子，这已经激起了吕后的嫉恨之心，祸患已成。如果当初汉高祖谨言慎行，不过分宠爱戚夫人，不表露换太子的私心，大概结果就会完全不一样。所谓防患于未然，就是要我们在为人处世的时候，多做思虑，防微杜渐，不能忽视小节，这样才能避免祸患的发生。

范蠡才智过人，在佐越王灭吴之后及时引退，弃官经商，富甲一方，然而当他的次子在楚国杀了人，他却无能为力。虽然让长子带金救赎，却也深知很可能会因长子惜金而误事，却不出面阻止。就情而言，他当然希望能救下次子，然就理而言杀人本是难恕之罪。次子有此违法行为，显然与他对孩子的教育有着很大的关系。所以人要有忧患意识，如果范蠡教育孩子从小遵纪守法，积极向善，也就不会落得杀人偿命的下场。

# 一百九十三、忠厚处世 勤俭传家

## 【原文】

处世以忠厚人为法，传家得勤俭意便佳。

## 【译文】

在社会上为人处世，应当以忠实敦厚的人为效法对象，传于后代的只要能得勤劳和俭朴之意便是最好的了。

一个人立身处世，要以诚信为本，以忠实敦厚的人为效法对象。忠实敦厚之人，能为他人着想，能以开阔的胸怀，理解和宽容别人。这样的人，总是自己付出的多，表面上看是在吃亏，实际上却能得到别人宝贵的尊重和信任。相反，那种斤斤计较的奸猾之人，为一己之私，常常口蜜腹剑，没有真诚之心。即使能一时左右逢源，终究不能长久，甚至会"聪明反被聪明误"，"搬起石头砸自己的脚"。

至于要家道历久不衰，既不在留多少财产，也不在留传家宝物，真正的传家之宝，唯有"勤俭"二字。留任何东西给子孙，他们都可能花费殆尽；只有学得勤俭的美德，并且世代相传，子孙才能兴旺发达。

# 一百九十四、即物穷理 反己省心

【原文】

紫阳补《大学·格致》之章，恐人误入虚无，而必使之即物穷理，所以维正教也；

阳明取孟子良知之说，恐人徒事记诵，而必使之反己省心，所以救末流也。

【译文】

朱熹注《大学·格物致知》一章时，特别加以补充说明，只恐学人误解而入虚无之道，所以要人多去穷尽事物之理，目的在维护孔门的正教。王阳明取了孟子的良知良能之说，只怕学子徒然地只会背诵，所以一定要教导他们反观自己的本心，这是为了挽回那些学圣贤道理只知死读书的人而设的。

**【评析】**

任何一门学问，都有其系统性和精华所在。学习或研究这些学问，就要去伪存真，取其精华，不能只认识一些表面和抽象的东西，而忽略了它的真实价值和社会意义。朱熹恐学人误解而入虚无之道，所以要人多去穷尽事物之理；王阳明怕学子徒然地只会背诵，所以一定要教导他们反观自己的本心。他们都是在教导人们，做学问要善于抓住其本质，而不是只学皮毛。这样才能掌握某种学说或理论的精髓，更好地发挥其积极作用。

## 一百九十五、善良淳谨人人喜 浮躁凶恶人人厌

**【原文】**

人称我善良，则喜；称我凶恶，则怒。此可见凶恶非美名也，即当立志为善良。

我见人醇谨，则爱；见人浮躁，则恶。此可见浮躁非佳士也，何不反身为醇谨？

别人说我善良，我就很喜欢，说我凶恶，我就很生气。由此可知凶恶不是美好的名声，所以我们应当立志做善良的人。我看到他人醇厚谨慎，就很喜爱他，见到他人心浮气躁，就很厌恶他。可见心浮气躁不是优良的人该有的，何不让自己做一个醇厚谨慎的人呢？

【评析】

"行生于己，名生于人。"意思是说，一个人的行动取决于自己，但是一个人名声的好坏却取决于他人。如果一个人品德高尚，就会得到别人的尊重，自然也会有好的名声。相反，如果一个人品格低下，自然会招人鄙夷和厌弃，也就没有什么好名声。可见，要想做一个拥有美好名声的人，就要积极向善。

为人处世，宜谦虚谨慎，在言语、行为、品格等各方面严格要求自己。态度敦厚，认真谨慎，才能赢得对方的尊重，也就有利于在人际交往或者其他方面取得成功。相反，如果一个人心浮气躁，求知识浅尝辄止，做事情情绪化，久而久之，自然要遭到别人的鄙夷和厌恶。由此，我们应该时刻要求自己做一个醇厚谨慎的人。

# 一百九十六、处事宜宽平 持身贵严厉

【原文】

处事宜宽平，而不可有松散之弊；

持身贵严厉，而不可有激切之形。

处理事情要不争而平稳，但是不可因此而太过宽松散漫；立身最好能严格，但是不可造成过于激烈的严酷状态。

【评析】

处理事情要按部就班、有条有理，才能把事情办得好。如果操之过急，往往漏洞百出，即所谓欲速则不达。但是如果过于散漫，则可能永远也得不到想要的结果。拔苗助长，庄稼一定不能活，然而放任不管，则必然荒芜。所以要想把事情办好，既要有宽平的态度，又不可太过松散。

持身贵在严厉，但是也不能过激。对自己太宽容放松固然不好，但是太过严厉也有坏处。太松则容易纵容自己，终至一事无成；太严则容易身心俱疲，无法承受。人的身心就像机器的齿轮，不去转动就会生锈，转得太过又要磨损。一定要在一种不偏不倚、中庸而平和的心境下来要求自己。


一百九十七、天地且厚人 人不当自薄

【原文】

天有风雨，人以宫室蔽之；地有山川，人以舟车通之。

是人能补天地之阙也，而可无为乎？

人有性理，天以五常赋之；人有形质，地以六谷养之。是天地且厚人之生也，而可自薄乎？

## 【译文】

天上有风有雨，人就建造房屋来躲避它；地上有山川河流，人就制造车船来交通。原因是人们能够弥补天地的缺憾，岂能没有任何作为呢？世间有理性规范着我们人类，上天以仁、义、礼、智、信来禀赋我们人性；大地以黍、稷、菽、麦、稻、粱为其滋养。天地对我们如此仁厚，我们人类自己就更不该妄自菲薄了。

## 【评析】

兵来将挡，水来土掩。遇到什么样的困难，我们就要想方设法，用行之有效的手段去应对，而不是缩手缩脚，不知该如何面对。在社会竞争中，经常会遇到意外的变化和打击，如果惊惶失措或是鲁莽行事，都只会使问题越来越糟。只有遇变不惊，保持从容自若的镇定和随机应变的灵活性，我们才会抓住最有利的时机去控制局面，而后逐步扭转不利形势。

想成就大事的人一定要有自信心，因为自信是推动器，没有它，人生的列车就不会行进。而瞧不起自己，妄自菲薄的人只会丧失斗志，因为自嘲是烈酒，想靠它来维持心理平衡的人只会沦为醉鬼。

## 一百九十八、知万物有道 悟求己之理

【原文】

　　人之生也直，人苟欲生，必全其直；

　　贫者士之常，士不安贫，乃反其常。

　　进食需箸，而箸亦只悉随其操纵所使，于此可悟用人之方；

　　作书需笔，而笔不能必其字画之工，于此可悟求己之理。

【译文】

　　人生下来便是正直的，所以人生在世，一定要走正道；贫穷本也是读书人应有的正常之事，所以不安于贫的读书人便是违背了常理。吃饭需要用筷子，而筷子也只能随主人的操纵来选择食物，由此可以看出用人的方法；写字要用笔，而笔不能使字美好，由此可以明白凡事需靠自己的道理。

【评析】

　　人生来身体就是要往直的方面发展。如果坐得不直，佝偻驼背，久而久之会使生命的机能受到影响。人的心也是如此，若是邪曲不正，就会造成领会的扭曲。读书人慕圣贤之道，不贪财，不追名逐

利，所以贫者居多。如果不能安贫乐道，而是去求非分之财，甚至见利忘义，那就不是读书人了。

吃饭要用筷子，但是要吃什么并不由筷子决定，而是凭自己的心意加以选择。用人之方也是同样道理，主要在于良心如何操纵。如果应该用筷子处的地方却用汤匙，想吃肉的时候却去夹菜，便是自心不明，非匙筷之过。书法想要求好，并非笔之好坏所能左右，同样的工具在不同人的手中，可以产生不同的结果。若不反求于自己，再好的环境也不能帮助自己创造出成功的果实。

# 一百九十九、遗得莫遗田 勤奋定有济

【原文】

家之富厚者，积田产以遗子孙，子孙未必能保。

不如广积阴功，使天眷其德，或可少延。

家之贫穷者，谋奔走以给衣食，衣食未必能充。

何若自谋本业，知民生在勤，定当有济。

【译文】

富有的人家把积聚的田产留给子孙，可是子孙未必就能够保住，倒不如多做善事让上天来眷顾我们的阴德，从而可使子孙福分更长久一些。贫穷的人千方百计筹措衣食，但衣食未必就能满足自己的需要，倒不如努力干自己的分内之事，因为谋生的根本在于勤奋，这样才会有更多的收获。

【评析】

　　留给子孙最好的遗产，不是良田美食，不是锦衣华府，而是生前积累的德行。再丰厚的物质财富，如果子孙不思进取，终难守住。只有自己多积德行善，才是为子孙做长久打算。因为一个人如果一直多行义举，就是为子孙树立了榜样，子孙后代也都会效法先辈，从而赢得别人的尊重和赞美。能够赢得社会认可和尊重的家族，自然能够绵延久长。

　　家境贫困的人，与其为衣食辛苦奔走，还不如立足于自己的本业，发愤图强，艰苦奋斗，通过不懈努力来改善自己的处境。贫穷不可怕，可怕的是穷而丧志。一个人若在困顿之中仍不堕青云之志，刻苦用功，最终一定等获得成功，也能获得他人的帮助。

## 二百、言不可尽信　事未可遽行

【原文】

　　言不可尽信，必揆诸理；事未可遽行，必问诸心。

【译文】

　　言语不可以完全相信，一定要在理性上加以判断、衡量，看看有没有不实之处。遇事不要急着去做，一定要先问过自己的良心，看看有没有违背之处。

【评析】

话入耳中，首先要用理性加以判断，以确认它的可信度。如果涉及个人，要以过去对这个人的印象来衡量；如果涉及事情，就要以整件事的发展趋势来思考，看有没有可能发生这样的事。经过种种考虑，如果觉得可以相信，再进一步去证实和了解。切忌道听途说便下结论。

在决定做一件事之前，一定要在心中加以斟酌。这件事涉及什么人？会不会损害到他们的权益？自己去做这件事是否合适？有没有逾越之处？最重要的，做这件事会不会违背自己的良心？这些都是要事先考虑的，如果冒冒失失地就去做，做完了才发现造成了无可弥补的损害，后悔也来不及了。

## 二百〇一、兄弟相师友 闺门若朝廷

【原文】

兄弟相师友，天伦之乐莫大焉；

闺门若朝廷，家法之严可知也。

【译文】

兄弟彼此为师友，伦常之乐的极致就是如此。家规如朝廷一般严谨，由此可知家法严厉。

　　一个家庭如果能使兄弟相互为师友，那便体现出天伦之乐的妙境。古代非常注重家庭中兄弟的关系，是"五常"之一，强调长幼有序，兄友弟恭。一个家庭中，如果兄弟能互为师友，那就可以从对方身上学到有用的东西，互相勉励，互相帮助。"兄弟同心，其利断金。"兄弟团结一致，和睦相处，有利于家庭的和谐兴旺。

　　"国有国法，家有家规。"古时十分重视家教严格，因为这关系着子孙的贤与孝，所以把家规与国法并列，以示其严。《后汉书·邓禹传》云："修整闺门，教养子孙，皆可以为后世法。"可见庭训家规，关系着家族的兴衰，如朝廷律法关系着朝廷的盛衰一样，子孙的成败，不可不慎。

# 二百〇二、友以成德 学以愈愚

【原文】

　　友以成德也，人而无友，则孤陋寡闻，德不能成矣；
　　学以愈愚也，人而不学，则昏昧无知，愚不能愈矣。

【译文】

　　朋友可以帮助德业的进步，人如果没有朋友，则学识浅薄，见闻不广，德业就无法得以改善。学习是为了免除愚昧的毛病，人如果不学习，必定愚昧无知，愚昧的毛病永远都不能治好。

【评析】

　　人做事首先要有明确的目的，即为什么而做。交朋友就是为了相互促进，相互学习各自的长处，以不断提高自己的道德情操和境界修养。如果只知道交朋友，却不分好坏，经常与一些不讲道义的伪朋友勾肩搭背，相互吹捧，这不但会一无所得，还会让我们深受其害。唯有建立在志同道合基础上的友谊才是万古长青的，它能经得起任何考验，与品质高洁的人交朋友，结下的真挚友谊才会推动我们的事业不断前进。

　　学而不思则罔，思而不学则殆。这虽然说的是学习的方法，但同样也可以引申到学习的目的中去。学是为了丰富头脑，增添智慧，而后与实践结合去提高自己为人处世的能力，为社会做出应有的贡献，而不是得到知识后便耍些小聪明，在人前炫耀卖弄，甚至通过卑劣的手段去谋取一己私利。


二百〇三、不犯国法 不沾外财

【原文】

　　明犯国法，罪累岂能幸逃？
　　白得人财，赔偿还要加倍。

明明知道而故意触犯国法，岂能侥幸地逃避法律的制裁？平白无故地取人财物，偿还的要比得到的更加几倍。

【评析】

天网恢恢，疏而不漏。触犯法律，迟早会被人发现而受制裁。明知违法而故犯，自然不能侥幸长久。

白得人财，便是不当得而得，是巧取他人努力的成果。平白取人钱财，于理不合，多半不容于法。如果这是坏人对你另有所图，恐怕到时付出的代价要比所得多上好几倍！

# 二百〇四、浪子回头金不换 贵人失足笑于人

【原文】

浪子回头，仍不惭为君子；贵人失足，便贻笑于庸人。

【译文】

浪荡子若能改过而重新做人，仍可做个无愧于心的君子。高贵的人一旦做了错事，连庸愚的人都要嘲笑他。

【评析】

浪子回头，是积极向上、向善，因此浪子可以被原谅，被赞扬，

所谓"浪子回头金不换"。高贵之人失足，晚节不保，是堕落，是走下披路，因此要遭到嘲笑。"声妓晚景从良，一世之胭花无碍；贞妇白头失守，半生之清苦俱非。"这并不是说看人只看他的后半生，年轻时即使是荒唐胡为也可原谅，而是看一个人是立志向上还是自甘堕落。肯向上，无论他过去如何，总是值得嘉许；趋下流，之前再怎么高尚，也都是可耻的。

## 二百〇五、饮食有节 男女有别

### 【原文】

饮食男女，人之大欲存焉，然人欲既胜，天理或亡。故有道之士，必使饮食有节，男女有别。

### 【译文】

饮食的欲望和男女的情欲，是人的欲望中最主要的。然而如果放纵它，让它凌驾于一切之上，那么道德天理就有可能沦亡。所以有道德修养的人，一定要让饮食有节度，男女有分别。

### 【评析】

食色，性也。在人类的欲望中，最主要的便是饮食的欲望和男女的情欲。前者用于维持生命，后者用来延续种族。但是，如果只追求食色的满足，人类与禽兽又有什么区别？所以有德之士，必不

使人类的心灵沦亡，始终保持精神生命的维持和延续，因此在食色
追求上，都有一定的节度和限制：非三餐而食不合理，暴饮暴食亦
不合理，非夫妻而合谓之淫。

## 二百〇六、耐贫贱易 耐富贵难

**【原文】**

东坡《志林》有云："人生耐贫贱易，耐富贵难；安勤苦
易，安闲散难；忍疼易，忍痒难；能耐富贵，安闲散，忍痒
者，必有道之士也。"余谓如此精爽之论，足以发人深省，正
可于朋友聚会时，述之以助清谈。

**【译文】**

苏东坡在《志林》一书中说道："人生承受贫贱是容易的，但承
受住富贵却是比较困难的；生活在勤劳中容易，但生活在闲散中却
难以度日；忍受疼痛容易，但忍受奇痒却难。如果这些富贵、闲散、
奇痒等都能够承受得了，那这样的人必定是有高尚修养之人。"我认
为这么精辟直爽的言论，足以让人有深刻的体悟，这也正好是我们
朋友聚会时可以谈论的话题，从而增添谈话的诸多情趣。

**【评析】**

俗话说：没有受不了的苦，只有享不了的福。贫穷的日子、苦

累的生活、钻心的疼痛，我们都能够咬着牙关挺过来。但当身处安逸的生活中时，我们有时却很难承受那种空寂无聊的氛围，总想找点事做，以求忘记孤独寂寞的感觉。真可谓生于忧患，死于安乐呀！

真正有修养的人，能耐别人所不能耐，能忍别人所不能忍。当安逸的生活给我们带来苦恼时，我们可以把自己从对苦恼无意义的消耗转移到有意的实干上来，就好像在一步步地登顶山峰，在雾散云消后的晴空早晨，你就会看到瑰丽壮观的一轮红日。


## 二百〇七、澹如秋水贫中味，和若春风静后功

【原文】

余最爱《草庐日录》有句云："澹如秋水贫中味，和若春风静后功。"读之觉矜平躁释，意味深长。

【译文】

我最喜爱《草庐日录》中的一句话："贫穷的滋味就像秋天的流水一般淡泊，静下来的心情如同春风一样平和。"读后觉得心平气和，句中的话真是含意深远而耐人寻味。

【评析】

秋水淡而远，反觉天地寥廓，贫中的滋味大致如此，因为本无所有，反于万物不起执着贪爱，心境自然平坦。如果具有宁静淡泊

的心境，即使处于贫困之中，也能做到甘贫乐道，不会因为外物的诱惑而丧失自我。就像孔子的弟子颜回，"一箪食，一瓢饮，在陋巷"而不改其乐。

静可以荡涤万虑。烦躁的情绪就好像人走在荆棘之中，找不出一条顺畅的通道。一旦静下心来，才发现荆棘不过是幻影，也许我们正处在辽阔的草原上，只是我们不曾发觉而已。草原在我们的心中，荆棘也在我们的心中，是看到草原还是看到荆棘，完全取决于我们的心境。如果能够静下来徜徉于心中的春风草原，就不会恒久淹没在心中的烦躁旋涡里。

## 二百〇八、兵应者胜 兵贪者败

【原文】

敌加于己，不得已而应之，谓之应兵，兵应者胜；利人土地，谓之贪兵，兵贪者败，此魏相论兵语也。然岂独用兵为然哉？凡人事之成败，皆当作如是观。

【译文】

敌人攻打本国，不得已而针锋相对，这叫作"反应"，不得已而应战的必然能够取胜；贪图其他国家的土地，都是些贪兵，为掠夺他国的土地而发动战争必然失败，这是魏相谈论兵法时所说的话。这不仅适用于用兵之道，就连我们个人的成败得失也遵从这个道理。

【评析】

邪不胜正。纵观古今中外的历史，所有的战争结果都是以侵略者的失败而告终，以保卫者的胜利而结束。因为侵略者发动战争的目的是非正义的，而被侵略者只能被迫奋起反抗，此时他们的力量是巨大的，是无可战胜的，经过长期而又艰苦的过程，最终迎来的必定是胜利。

引申到我们的实际生活中来看，平日的为人处世也要遵循这个常理。如果做事操之过急，就会事与愿违；如果欺人太甚，就会遭到别人强有力的反击。所以为人处世应要本着宽容的心态，且不可把对方逼上绝路，否则，他们就会不惜生命地去抵抗，去挣扎，因为这是他们生存的底线，只有闯过了这一关，他们才有可能得到生的机会。

# 二百〇九、险奇无常　平淡能久

【原文】

凡人世险奇之事，决不可为，或为之而幸获其利，特偶然耳，不可视为常然也。可以为常者，必其平淡无奇，如耕田读书之类是也。

【译文】

人世间奇之又奇之事，没有前例可遵循，也没有经验教训作为参考，因而很难取得成功。即便最终从中获得了利益，也只是偶然的，并且难以长久，更不可能成为一生的事业来做。如若一味涉嫌猎奇，很容易误入歧途，造成难以预测的后果。例如读书和耕田这两件事，看似毫无新意，但只要勤奋不懈，兢兢业业地去做，最终会取得意想不到的成就。

【评析】

　　凡人世间危险怪异之事，最好不要去尝试。有的人喜欢猎奇，心存侥幸，偶然得到好处后，就以为事事如此，于是便一而再，再而三地尝试，最终必然要遭遇失败，栽大跟头。这是因为，世间危险怪异之事，常常违背常规，超乎想象，而人的思维方式却是受限于知识层次、环境等各个方面，遇到险奇之事，难免会考虑不周、处理不当，如此，便产生了不可挽回的后果。常规之事虽然平淡，却也淡而有味，其发展趋势和规律也更容易把握，自然误判的概率就会减少，也就不会造成不可预测的后果。

## 二百一十、忧先于事故能无忧　事至而忧无救于事

【原文】

　　忧先于事故能无忧，事至而忧无救于事，此唐史李绛语也，其警人之意深矣，可书以揭诸座右。

如果事前考虑，事到临头就会有应对的策略。如果事情已经来临再去忧虑，就会于事无补了，这是唐史上李绛所说的话。它对我们的警示很多，可以作为座右铭，提醒自己不要犯这方面的错误。

【评析】

不管任何事，只有认真仔细去做才不会犯错误，并且还要充分估计到期间可能遇到的问题，在事前做充分的准备和对策，才不至于在遇到问题时手忙脚乱，不知该何去何从。

由此可知，做事只要计划周全，以防万一，即使出现错误我们也能应对自如，防患于未然，才能以不变应万变。如果以此作为人生的座右铭，我们便可以从中悟得：具有远见卓识的目光和审时度势的能力，我们才会在做事情时少些失误，多些平坦。

# 二百一十一、人贵自立

【原文】

尧、舜大圣，而生朱、均；瞽、鲧至愚，而生舜、禹；揆以余庆余殃之理，似觉难凭。然尧、舜之圣，初未尝因朱、均而灭；瞽、鲧之愚，亦不能因舜、禹而掩，所以人贵自立也。

【译文】

尧和舜都是古代的大圣人，却生了丹朱和商均这样不肖的儿子；瞽和鲧都是愚昧的人，却生了舜和禹这样的圣人。若以善人遗及子孙德泽，恶人遗及子孙祸殃的道理来说，似乎不太说得通。然而尧、舜的圣明，并不因后代的不贤而有所毁损；而瞽、鲧的愚昧，也无法被舜、禹的贤能所掩盖，所以人最重要的是能自立自强。

【评析】

人生在世，贵于自立自强。祖上无德，只要自己奋斗不止、努力奋进，也能成为圣贤之人。舜和禹便是其中的经典之例，舜之父瞽叟品行恶劣，曾与后妻及舜的弟弟联合起来谋害舜；禹之父鲧愚昧至极，不能治理水患。但舜和禹却奋发图强，成为后人心目中的贤人。祖上有德，但自己安于现状、沉沦堕落，也会为人所不齿。

人应该对自己的生命负责，所有外界的力量，都不足以影响到一个人向上的意愿。因为每个人的生命是一个独立的个体，每一个人的心灵也是不与他人共有的。只有自己能够成就自我的成长，自己的生命也只有自己能照顾。


二百一十二、程子教人以静 朱人教人以敬

【原文】

程子教人以静，朱人教人以敬，静者心不妄动之谓也，敬者心常惺惺之谓也。又况静能延寿，敬则日强，为学之功在是，养生之道亦在是，静敬之益人大矣哉！学者可不务乎？

## 【译文】

程颐、程颢教人要保持安静，朱熹教人要尊敬他人。静就是心不能起妄念，敬就是时常保持清醒的头脑。因为心不起妄念，便可延年益寿；时常保持清醒，便可日有长进，求取学问的道理和养生的方法就在这里。静与敬对人的好处如此之大，求学的人能不在这两点上多下功夫吗？

## 【评析】

静可修身，与世无争的安然心态能让我们快乐地感受真实的生活，品悟到人生的真谛。但现实生活中我们每天为了自己所追求的事业而忙碌，哪有时间停下脚步安心地享受生活呢？

敬人者，人恒敬之。要想得到别人的尊重，我们首先要做到去尊敬他人。尊敬是了解的基础，是沟通心灵的桥梁，在通过这座桥梁后，我们才会敞开各自的心扉，真心相交。

## 二百一十三、循分守常 万事大吉

## 【原文】

卜筮以龟筮为重，故必龟从筮从乃可言吉。若二者有一不从，或二者俱不从，则宜其有凶无吉矣。乃《洪范》稽疑之篇，则于龟从筮逆者，仍曰作内吉。从龟筮共逆于人者，仍曰用静吉。是知吉凶在人，圣人之垂戒深矣。人诚能作内而不作外，用静而不用作，循分守常，斯亦安往而不吉哉！

【译文】

在古代占卜，是以龟甲和著草为主要的工具，因此，一定要龟卜及筮卦皆赞同，一件事才可称得上吉。如果龟和著中有一个不赞同，或是两者都不赞同，那么事情便是凶险而无吉兆了。但是《尚书·洪范》稽疑篇中，则对于龟卜赞同，著草不赞同的情形，视为内面的事吉祥。即使龟甲和著草占卜的结果都与人的意愿相违，仍然要说无所为则有利。由此可知，吉凶往往决定在自己，圣人已经教训得十分明白了。人只要能对内吉外凶的事情在内行之而不在外行之，对于完全与人相违的事守静而不做，安分守己，遵循常道，那么岂不是无往而不利？

【评析】

世事难料，吉凶未卜、祸福难测。但是吉凶祸福首先要取决于人的因素。如果一个人对有违道义之事能够守静而不去做，遵守本分，安守常道，再凶险的事，仍是吉的。卜筮的结论都是一些简单的道理，然而当事人却想不到或是明知而不肯听从。凶事的发生是人受了情绪的驱使，或是性格的影响。天下没有绝对吉的事，也没有绝对凶的事，趋吉避凶之道简单易行，就看你愿不愿意听从，并掌握住动静的时机。

## 二百一十四、勤苦之人绝无癆疾 显达之士多出
### 寒门

【原文】

　　每见勤苦之人绝无癆疾，显达之士多出寒门，此亦盈虚消长之机，自然之理也。

【译文】

　　常见勤劳刻苦的人不会得疾病，而博学显达之人多出自贫苦的人家，这也可以被认为是盈则亏、消则长的自然道理吧。

【评析】

　　勤奋是通往荣誉圣殿的必经之路。贪图安逸会使人堕落，无所事事会令人退化，只有勤奋工作才是最高尚的，才能给人带来真正的幸福与乐趣。生活中的我们在无事可做时，也感受过空虚寂寞的难耐，而在忙忙碌碌的奔波中有时却觉得生活很充实，所以勤劳的人拥有健康快乐的心态，又哪里来的疾病呢？

　　对有志者来说，贫穷和苦难是一笔最宝贵的财富，受过苦，便知道珍惜当下的生活；一个在贫寒中长大的人，不会不知道勤俭的重要；一个自小就知道努力做事的人，不会不对自己和他人负责。

贫穷与苦难并不可怕，可怕的是在贫穷与苦难中一无所得，却又失去了人应有的志气、尊严和自强不息的奋斗精神。这也大概就是显达之人多出自贫家的原因吧。

## 二百一十五、利己即害己 下人能上人

【原文】

欲利己，便是害己；肯下人，终能上人。

【译文】

原本想做对自己有利的事，往往却是害了自己。如果能甘于人下，终究能高居人上。

【评析】

人心不足蛇吞象，自私自利的结果只能是作茧自缚，自己害了自己。有些人为了一己私利，便不顾后果地去贸然行事，岂不知螳螂捕蝉，黄雀在后，所以经常上了别人的当，使自己深受其害。

韩信受胯下之辱，后来却成为一代开国名将；李白遭杨国忠、高力士的戏弄，后来却在金殿之上得以雪耻。宠辱不惊之人，多是怀有雄心壮志之士。

## 二百一十六、虞舜能为其难 周公能本于德

【原文】

古之克孝者多矣，独称虞舜为大孝，盖能为其难也；古之有才者众矣，独称周公为美才，盖能本于德也。

【译文】

古来能够尽孝道的人很多，然而独独称虞舜为大孝之人，乃是因为他能在孝道上为人所难为之事。自古以来有才能的人很多，然而单单称赞周公美才，乃是因为周公的才能以道德为根本。

【评析】

能尽孝的人固然多，但是，像舜那般受到种种陷害，仍能保有孝心的却很少见。舜的父亲瞽是个盲人，舜的母亲死后，瞽续弦生了象，由于喜欢后妻之子，便常想杀死舜。有一天，瞽要舜到仓廪修补，瞽从下放火烧屋，舜利用斗笠护身跳下逃生。瞽又要舜挖井，舜在挖井的时候，瞽和象趁机将井填实，舜从预留的孔道逃出，得以不死。瞽虽如此待舜，舜仍然孝顺他，并且友爱兄弟。若换了他人，早就因瞽"父不父"，而自己也"子不子"了，要不然也早离家出走，能做到像舜一样，实在是十分难得。

周公的美才，只要从周代的礼乐行政都出自周公之手便可见一

斑，这样的美才已是后世有才之人所难企及的，然而孔子仍说："使骄且吝，则不足观。"由此可知，周公最难能可贵的，便是他的道德了。世人稍有才华，便趾高气扬，然而周公"一沐三握发""一饭三吐哺"，而毫无骄吝之色。武王病时，周公被洁斋戒，要以自己作为质押，代替武王死，武王果然痊愈。武王崩逝，成王年幼，周公又不畏流言，辅助成王摄理国政，等成王长大后，再把政权交还给他。周公不仅有美才，且能不骄不吝，以德为本，所以，孔子要独称周公，并不仅是因他曾制礼作乐的缘故。

# 二百一十七、不能缩头休缩头 得放手时须放手

## 【原文】

不能缩头者，且休缩头；可以放手者，便须放手。

## 【译文】

不该逃避情理的事，就要勇敢地去面对。可以放手不做的事，就要果断地抛弃。

## 【评析】

勇敢是强者的精魂，狭路相逢勇者胜，而怯懦者多是以失败告终。生活中固然需要谨慎、稳重、含蓄，但如果到了犹豫不决，甚至缩手缩脚的地步，那就容易失去许多成功的机会。同时，敢冒风

险也并不是心浮气躁、盲目向前，而是建立在长期观察的基础之上所作出的正确选择。有些人在生活中遇到困难或危险就一味地逃避，这样只能让自己陷入被动，而事情也无法得到解决，只有坦然地面对，寻求战胜困难和危险的方法才是我们的正确道路。

## 二百一十八、居易俟命 木讷近仁

### 【原文】

居易俟命，见危授命，言命者，总不外顺受其正；

木讷近仁，巧令鲜仁，求仁者，即可知从人之方。

### 【译文】

君子平日爱在静处居住，以等待时机，一旦国家有难便可力挽狂澜，讲究命运的人从来不吝惜将自己的命运投注在应当从事的事业之上。不善言辞就容易接近仁德，花言巧语是缺乏仁慈的表现，寻求仁德的人可以看出什么是求仁德的真正方法。

### 【评析】

就算曾陷入生活的最底层，哪怕是被送进监狱。但是，我们仍然有选择做好人或做坏人的权利。这种权利是区别人和动物以及其他存在物的特征。但大多数人总是不想选择，因为一旦选择，就说明要承担责任。也正因如此，有些人一旦碰到自己决策失误时，总是诿过于人，这样做的结果是：你也许能逃脱罪名，却避免不了留下个遗臭万年的恶名。

　　行仁义道德靠的不是花言巧语，而是实实在在的行动。人喜欢的是真抓实干者，而不是空讲理论、只知海阔天空吹嘘的人。


## 二百一十九、立大功者忽小利　谋公事者去私心

**【原文】**

　　见小利，不能立大功；存私心，不能谋公事。

**【译文】**

　　只顾眼前蝇头小利的人，是不能成就大的功绩的；存有自私心理的人，是不能谋划公众事务的。

**【评析】**

　　有的人只有想得到财富的强烈欲望，却没有具体的目标和方向；有的为了单纯地追求速度，急功近利，不惜把手中的资源消耗殆尽；有的被追求财富的欲望冲昏了头脑，忽略了别人隐藏着的企图，最终走向了灭亡。所以说做大事要有大视野，我们千万不要为了捡芝麻而丢了西瓜。在足以使你成为更伟大，更能干的人的方面，都应当不惜小利，全力以赴。

　　公平正直是做人的基本道德规范之一，是市场交易的灵魂，而自私是火焰，它能把人生的芳草地变成一片焦土。只有诚实才能长

久，不为利动，没有私心，在任何情形下都言行诚实——这种美誉，其价值比用任何手段从欺骗中得来的利益大千倍。

## 二百二十、正己为率人之本 守成念创业之艰

【原文】

正己为率人之本，守成念创业之艰。

【译文】

端正自己为带领他人的根本，保守已成的事业要念及当初创立事业的艰难。

【评析】

常见许多做主管的，自己做错了，却要求属下做得正确，使得属下十分不服。事实上，自己做得正确不仅是一个领导表率统御上的问题，同时也是一个事情能不能办得好的效率问题。所谓"正己为率人之本"，这个"正"字不仅是端正自己的行为，使自己在品德上能够领导他人，同时也能正确地认识自己，使自己在知识和见解上足以带领他人，否则凭什么教他人听你的呢？

事物得来不易才弥足珍贵，唯恐失之而不复得，守成之所以要念创业之艰的道理就在这里。如果能时时不忘当初的辛苦，并提醒后人，相信许多伟大的事业都不会迅速被时光淹没，而是会不断发扬光大。

## 二百二十一、人生不过百 懿行千古流

【原文】

　　在世无过百年，总要做好人，存好心，留个后代榜样；

　　谋生各有恒业，哪得管闲事，说闲话，荒我正经功夫。

【译文】

　　人活在世上也不过百年而已，所以我们做人应该心存善念，才能成为后人学习的榜样。谋生各有各自所从事的行业，哪里还有时间去管他人的闲事、说他人的闲话，而为此去荒废正当的营生。

【评析】

　　人生不过百年，像那古代帝王纵有千金在手，一生富贵，但留给后人的，不过是历代对他们功过是非的评价，而很少谈及他们的钱财和富贵。所以要想流芳百世，最切实的做法就是一生多行善事，这不仅可以留给世人一个好的名声，还能够赢得他人的尊重，成为他人学习的榜样。

　　人生是短暂的，时间是宝贵的。珍惜时间的人埋怨日子过得太快，浪费时间的人总嫌岁月流逝的缓慢；珍惜时间的人把一分钟分为 60 秒来利用，浪费时间的人把时光当成气泡来欣赏；珍惜时间的人把时间视为生命，浪费时间的人将生命惨淡经营。正是由此才产生了伟大与平庸、充实与空虚、坦然与烦躁、快乐与苦闷。

图书在版编目（CIP）数据

围炉夜话详解 /（清）王永彬著；桑楚主编 . — 北京：中国华侨出版社，2018.3
（2023.9 重印）
ISBN 978-7-5113-7525-4

Ⅰ . ①围… Ⅱ . ①王… ②桑… Ⅲ . ①个人—修养—中国—清代②《围炉夜
话》—研究 Ⅳ . ① B825

中国版本图书馆 CIP 数据核字（2018）第 031318 号

**围炉夜话详解**

著　　者：〔清〕王永彬
主　　编：桑　楚
责任编辑：姜　婷
封面设计：施凌云
美术编辑：张　娟
经　　销：新华书店
开　　本：880mm×1230mm　1/32 开　印张：8.5　字数：150 千字
印　　刷：大厂回族自治县聚鑫印刷有限责任公司
版　　次：2018 年 5 月第 1 版
印　　次：2023 年 9 月第 8 次印刷
书　　号：ISBN 978-7-5113-7525-4
定　　价：36.00 元

中国华侨出版社　北京市朝阳区西坝河东里 77 号楼底商 5 号　邮编：100028
发 行 部：（010）88893001　　传　　真：（010）62707370
网　　址：www.oveaschin.com　E－m a i l：oveaschin@sina.com

如果发现印装质量问题，影响阅读，请与印刷厂联系调换。